插图珍藏版

没有审美，世界都与你无关

傅抱石 —— 著

辽宁人民出版社

© 傅抱石 2019

图书在版编目（CIP）数据

没有审美，世界都与你无关/傅抱石著．—沈阳：辽宁人民出版社，2020.1
ISBN 978-7-205-09661-8

Ⅰ．①没… Ⅱ．①傅… Ⅲ．①审美—文集 Ⅳ．①B83-0

中国版本图书馆CIP数据核字（2019）第135359号

出版发行：辽宁人民出版社
　　　　地址：沈阳市和平区十一纬路25号　邮编：110003
　　　　电话：024-23284321（邮　购）024-23284324（发行部）
　　　　传真：024-23284191（发行部）024-23284304（办公室）
　　　　http://www.lnpph.com.cn
印　　刷：天津旭丰源印刷有限公司
幅面尺寸：145mm × 210mm
印　　张：8
字　　数：200千字
出版时间：2020年1月第1版
印刷时间：2020年1月第1次印刷
责任编辑：赵维宁
封面设计：主语设计
版式设计：新视点
责任校对：吴艳杰
书　　号：ISBN 978-7-205-09661-8
定　　价：49.00元

代序　傅抱石先生的画

老舍

傅先生的画是属于哪一派系，我对国画比对书法更外行。可是，我真爱傅先生的画！他的画硬得出奇……昔在伦敦，我看见过顾恺之的《烈女图》。这一套举世钦崇的杰作的好处，据我这外行人看就是画得硬。他的每一笔都像刀刻的。

从中国画与中国字是同胞兄弟这一点上看，中国画理应最会用笔。失去了笔力便是失去了中国画的特点。从艺术的一般的道理上说，为文为画的雕刻也永远是精胜于繁；简劲胜于浮冗。顾恺之的画不仅是画，它也是艺术的一种根本的力量。我看傅先生所画的人物，便也有这种力量。他不仅仅要画出人物，而是要由这些人物表现出中国字与中国画的特殊的，和艺术中一般的，美的力量。他的画不是美的装饰，而是美的原动力。

有人也许说：傅先生的画法是墨守成规，缺乏改进与创作。我觉得这里却有个不小的问题在。我喜欢一切艺术上的改造与创作，因为保守便是停滞，而停滞便引来疾病。可是在艺术上，似乎有一样永远不能改动的东西，那便是艺术的基本的力量。假若我们因为改造而失掉这永远不当弃舍的东西，我们的改造就只虚有其表，劳而无功。让我拿几位好友的作品做例子来说明吧！我希望他们不因我的信口乱说而恼了我！

赵望云先生以十数年的努力做到了把现代人物放到中国山水里面，而并不显得不协调：这是很大的功绩！但是假若我们细看他的作品，我们便感觉到他短少着一点什么，他会着色，很会用墨，也相当会构图。可是他缺乏着一点什么。什么呢？中国画所应特具的笔力……他的笔太老实，没有像刀刻一般的力量。他会引我们到"场"上去，看到形形色色的道地中国人，但是他并没能使那些人像老松似的在地上扎进根去。我们总觉得过了晌午，那些人便都散去而场上落得一无所有！

再看丰子恺先生的作品吧！他的大幅的山水或人物简直是扩大的漫画。漫画，据我这外行人看，是题旨高于一切，抓到了一个"意思"，你的幽默讽刺便立刻被人家接受，即使你的画法差一点也不太要紧，子恺先生永远会抓到很好的题旨，所以他的画永远另有风趣，不落俗套。

可是，无论作大画还是小画，他一律用重墨，没有深浅。他画一个人或一座山都像写一个篆字，圆圆满满的上下一边粗，这是写字，不是作画，他的笔相当的有力量，但是因为不分粗细，不分浓淡，而失去了绘画的线条之美。他能够力透纸背，而不能潇洒流动。也只注意了笔，而忽略了墨。

再看关山月先生的作品。在画山水的时候，关先生的笔是非常的泼辣，可是有时候失之粗犷。他能放，而不能敛。"敛"才足以表现力量。在他画人物的时候，他能非常的工细，一笔不苟，可是他似乎是在画水彩画。他的线条仿佛是专为绘形的，而缺乏着独立的美妙。真正的好中国画是每一笔都够我们看好大半天的。

谢趣生先生，还有不少的致力于以西法改造中国画的先生们，也差不多犯了这个毛病。他们善用西画取景的方法设图而把真的山水人物描绘下来，可是他们的笔力很弱，所以只能叫我们看见一幅美好的景色，而不能教我们从一线一点之中找到自然之美与艺术之美的联结处；这个联结处才是使人沉醉的地方！

以上所提及的几位先生都是我所钦佩的好友。我想他们一定不会因为我的胡说而生我的气。他们的改造中国绘事的企图与努力都极值得钦佩，可是他们的缺欠似乎也不应当隐而不言。据我看，凡是有意改造中国绘画的都应当第一，去把握到中国画的笔力，有此笔力，中国画才能永远与众不同，在全世界的绘事中保持住他特有的优越与崇高；第二，去下一番功夫学西洋画，有了中国画的笔力，和西洋画的基本技巧，我们才真能改造现时代的中国画艺。

你看，林风眠先生近来因西画的器材太缺乏，而改用中国纸与颜色作画。工具虽改了，可是他的作名还是不折不扣的真正西洋画，因为他致力于西洋画者已有二三十年。我想，假若他若有意调和中西画，他一定要先再下几年功夫去学习中国画。不然便会失去西洋画，而也摸不到中国画的边际，只落个劳而无功。

话往回说，我以为傅先生画人物的笔力就是每个中国画家所应有的。有此笔力，才有了美的马达，腾空潜水无往不利矣。可是，国内能有几人有此笔力呢？这就是使我们在希望他从事改造创作之中而不能不佩服他的造诣之深了。

傅先生不仅画人物，他也画山水，在山水画中，我最喜欢他的设色，他会只点了一个绿点，而使我们感到那个绿点是含满了水分要往下滴出绿的露！他的"点"，正如他的"线"，是中国画特有的最好的技巧，把握住这点技巧，才能画出好的中国画，能画出好的中国画，才能更进一步地改造中国画，我们不希望傅先生停留在已有的成功中，我们也不能因他还没有画时装的仕女而忽视了他已有的成功。

目录

向美而生

怎样欣赏艺术	002
中国艺术与中国艺人	042
中国的画学	048
国画古今观	057
论人物画	066
中国绘画之理解和欣赏	069
元四家	080

散锋开花妙笔生

我怎样画《蝶恋花》	098
谈山水画创作	109
谈山水画写生	122
东北写生杂忆	159
北京作画记	185
江山如此多娇	193
壬午重庆画展自序	204

向美而生

怎样欣赏艺术

一　什么叫艺术

我们一天到晚，高兴的时候，实在很少，大概是平平淡淡，毫无变化，照常生活下去。虽然也没有十分不愉快的时候，但我们如不想想法子，把生活的趣味和意义丰富起来，那就是苦痛的泉源。人类是追求幸福躲避苦痛的动物，明明知道是一件苦不可言的苦差，决无人愿意去做，都是出于万不得已。本来的目的是为了追求幸福，而所追求到的反是极大的苦痛，这是由于认识不够，或方法欠妥，也决非人类的本意。所以，人类当精力过剩，无处发泄时，总想寻找发泄的机会，借此消遣时间，躲避苦痛，于是，小孩

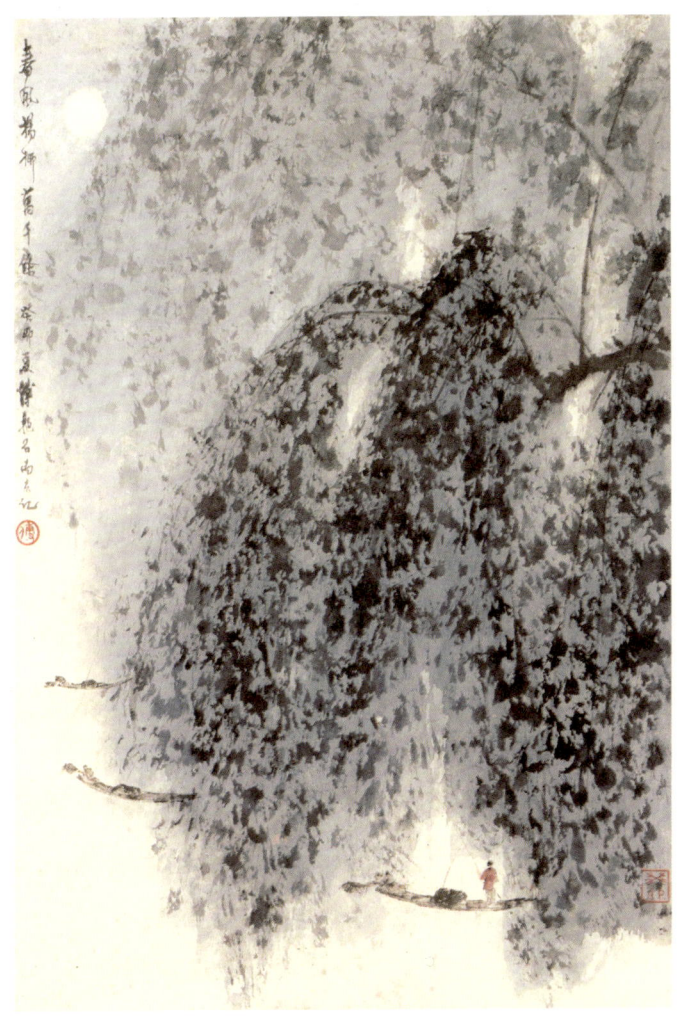

傅抱石 《春风杨柳》

子就欢喜唱歌，拍球，玩秋千，在草地上翻滚，和同伴们打架；成年人就欢喜看戏，唱戏，赏画，作画，喝酒，品茗，游山，玩水；老年人就欢喜扫地，抹几，灌园，种花，在庭院里散步，抱抱自己的孙儿，或点一炷清香，默诵读熟的《金刚经》。他们因年龄、环境及性情的不同，各有所好，各有躲避苦痛的妙法，但他们的急于找到一种适宜的游戏，发泄过剩的精力和时间，是一样的。我们的艺术，就是导源于人类爱好游戏的动机，正因为艺术的本质，就是趣味较高，可以怡情适性的游戏。凡绘画的制作，音乐的唱奏，戏剧的表演，电影的放映，诗歌、散文、小说的创作，能够提高我们的情绪，陶冶我们的性格，使生活不停滞在庸俗、腐朽、颓丧的泥沼，而能向着高尚纯洁的目标，力求进步，那就是艺术。艺术虽导源于游戏，它的价值，决不能与游戏相提并论；然而有些趣味低级的文学作品，诲淫诲盗的电影戏剧，俗不堪耐的绘画雕刻，内容恶劣、形式拙陋的俚歌小调，不但不是艺术，其价值还倒不如有益于卫生的游戏。

人人都欢喜游戏，所以人人都爱好艺术。我们学习的兴趣，有的长于思考，推理，愿意从哲学方面去发展；有的喜欢观察，分析，试验，宜于做一个发明家，科学家；有的在小时候就常做架桥、造屋、筑路等等的游戏，长大以后，一定是从事于实际工作的工程师、建筑师。不过，无论是谁，无论哪一行的专家，他们都欢喜看戏，看电影，欣赏绘画和音乐，就是说，他们都爱好艺术，因此，艺术与人生最有关系，艺术感人的力量最为伟大。艺术家的责任，仅能熟习表现的技巧是不够的，必须在音调、色彩、符号、文字、形象等等表现方法中，表现纯洁的情绪，高尚的智慧，使人们接触到这些艺术品，就能发生真善美的感觉。艺术既与人生有不可分离的关系，艺术家就应当从现实生活中选择艺术的题材，把最真实的东西，通过艺术的形式，告诉一般的民众，像这样的作品，自然能为多数人所了解、所欣赏，并且自愿接受艺术家在作品中给予他们的教训。求真、乐善、爱美，是人类共有的本性，有些艺术品不能使多数人发生真善美的感觉，我以为其错误还是在艺术的本身，距离多数人实际的生活太遥远，不容易为大家所共喻，所以也就很难引起大家的共鸣。大多数人的生活是纯洁的、单调的、真实朴素的，仿佛和一般小朋友的天真无邪是一样。假定艺术家所极力称许的至高、至善、至美的情绪和行为，是果敢、忠实、侠义、牺牲、服务、利他诸种道德，那么，极少数自命为有教养的绅士淑女们，未必能胜过多数的农民与工人。这一次抗日大战中，有钱的很少出钱，而出力的还要踊跃出钱，是人所共知的事实。在前线流血的，是工人、农民出身的士兵，扛子弹、掘壕沟、运辎重、劳而不

傅抱石 《山高水长》

怨、视死如归、绝不求报的，无一不是当地的工人与农民，还有在大后方努力生产、筑路运输、开矿垦殖的，也都是工人与农民。大多数的民众，既有这样纯洁朴素的好性格，决不能轻视他们缺乏欣赏艺术的要求，没有求真、乐善、爱美的本性，他们对于艺术的隔膜，大约不外乎下面的三种原因。

（一）多数的农民、工人，都为生活忙，或者正在尽忠于国家的任务，效力于社会的工作，苦于抽不出片刻的闲空，可以欣赏艺术家的制作，是艺术家愿意网开一面，对他们特别优待，甚至免票入内，他们也不能徒呼奈何，辜负美意呢！

（二）艺术家没有注意到民众所能了解的艺术是什么，是因为他们的生活脱离了民众。他们正同一般的绅士淑女一样，也是高高浮在上面的，所以，只知道把都市中的罪恶，例如，奢侈、淫逸、谋害、腐化、浪漫种种可怕的事情为艺术的主题，这些都是有闲者在茶余酒后的谈料，从这些谈料中所传达的情绪，当然是不普遍的，是大多数的工人与农民所不能了解也不必了解的。

（三）民众们能够明白关于人间道德的故事，从这些故事中所写成的可歌可泣的诗，写成的慷慨激昂的戏，绘制的惟妙惟肖的图画。民众们也能够明白用他们自己的言语、动作，来表现他们生活的作品。但是，像这样的艺术品，此刻还是不多见的。

在任何国家，受过高等教育，具有优娴习惯的绅士、淑女，究竟是少数，而农民、工人是最大的多数，如果照一般人所说的艺术品，是指能够满足少数人享乐的东西而言，那么，我们的艺术家就变成了少数绅士、淑女的玩物，并没有为人类，至少是为大多数的民众们尽到应尽的责任。俄国有一位大小说家托尔斯泰在他所著的《什么是艺术》一书中，曾经说过："艺术是表现情绪的方法，高尚的艺术，是表现情绪的高尚的形式。高尚的情绪，是人人共有的情绪；而高尚的艺术，就是真正的艺术，就是人人所能了解的艺术。现代的艺术所以不够伟大，甚至可说是坏艺术的证据，就在多数人不了解它。"这些话虽为少数的艺术家所不满意，但我以为艺术家是不应该离开民众的。

有些人常觉得民众的教养，还不及少数的绅士、淑女们，因此，趣味高尚的艺术，限于知识，一定无法接受，艺术家要使作品达到家喻户晓，为人人所爱好的程度，除了先把作品庸俗化，尽量迁就民众们的低级趣味之外，实无更好的方法。这些话，不仅是给民众们一种恶意的侮辱，同时是艺术家轻易卸责的遁辞。民众们并没有享受过所谓趣味高级的艺术，而他们的情绪，正是那么天真纯洁，绝不低级；但是，那些少数的绅士、淑女们时时刻刻生活在趣味高级的艺术氛围内，而绝没有使他们的行为比民众们更光明些，使他们的情绪更纯洁些，使他们的趣味更高级些。这不是艺术的本身，是不是高级的，还成问题，那就是艺术的无能了。

艺术的趣味，在本质上没有什么高低的分别的，全在艺术家的修养如何，技巧是否成熟。譬如，此刻少数发国难财的奸商，偷偷地干着囤积居奇、危害民族的勾当，卖淫妇不惜以自己的肉体，交换最低限度的物质生活，凡属这些可耻的行为，是人们公认为低级趣味发生的来源，然后使艺术家把这一群丑恶的人作为主题的动机，不只是暴露他们的丑恶，而是站在社会问题上分析他们的生活，研究他们的行为将能发生怎样不良的影响，那就不会使艺术的趣味形成低级了。反之，如一般上流人物的生活习惯，

傅抱石 《石径野人归》

一向是附庸风雅、自命不凡的；但艺术家仅是把他们的私生活——那种糜烂堕落的私生活，尽情地描写，同样是一种低级的趣味。

人们对于趣味的爱好，更不因为地位的高低，人品的善恶，性情的优劣，而趣味的本身就有高低的区别。抽烟、喝茶、饮酒、赌博，是一般人之所爱好，也是上流人物之所同好。抽烟、喝茶、饮酒、赌博等等的习惯，论趣味虽不高雅；可是，有些自命不凡的人，把写字、作画、弹琴、下棋，当作消遣岁月，聊以自娱的工具，由其中所得到的趣味，和由抽烟、喝茶、饮酒、赌博等等方法所掳获的趣味，同样是低级的。

艺术趣味的高低，是伴随人们的主观而定的，有些人认为那一幅画，那一支歌，是趣味较高的作品，而有些人因为不合自己的胃口，便认为是低级的了；同理，有些人觉得趣味低级的艺术品，在另一些人看来只因为适合于自己的嗜好之故，总以为由这些艺术品所得着趣味，是非常高级的。这原因很简单，就是人们都有相当的自尊心，尤其是对于某一种成见的固执，以及趣味的爱好。凡自己热爱的东西——连艺术品亦在内，总希望人家也能表示同样的热爱，自己就好像是颇有光荣似的；要是竟有不识相的人，敢于反对某甲所热爱的东西，甚至表示讥笑和侮辱，某甲必定会出全力来拥护，尽量和反对者挣扎到底的。社会上人事纠纷的原因，不一定是

傅抱石 《千山》

为了争意见，常为了趣味的不投引起不可开交的争执来，正因为趣味的爱好是自我的、主观的，人们宁可到万不得已时，放弃自己固执着的成见，但无论如何决不愿放弃自己热爱的趣味，人们最不能勉强一致的，恐怕就是各自热爱的趣味了。基于此点，艺术家不从艺术的基本条件上作有计划的努力，而只想投机取巧，适应时尚，迁就某种人的趣味，而从事于艺术的制作，以冀一举成名，终于要失败的；同时，我们不从艺术的意识和技巧，仔细分析，而仅以个人的趣味作为批评的标准，也是极大的错误。

真正的艺术，是人人都能了解的艺术。因此，艺术家不必标新立异，要从平凡的现实生活里，选择题材，愈与现实有关的作品，愈有引人入胜的力量，换句话说，它的趣味一定更丰富。最大多数的人，决不爱吃极少数有怪嗜好的人所欢喜的疮痂；但白的米饭、甜的果子是平凡的，然能适合大多数人的胃口，所以是最好的食物，艺术也是一样。

二　艺术的分类和解说

照考古学家研究的结果，艺术的各部门是以诗歌的产生比较最早。诗歌是与音乐、舞蹈，同为初民一种抒情的工具，其起源在其他各艺术之前，至于什么是诗的原始形式，至今还难断定。初民常把诗、音乐、舞蹈，混在一起，表现原始的情绪；所以，诗与音乐舞蹈，最初不能分，到以后散文发达，诗的范围随着缩小，而音乐舞蹈便以其可能性分途发展了。

诗在最初时期，并不是为了表现诗人的情绪，而最初的诗篇，是初民任性喊出的天籁，也不是出于诗人的手笔。诗的作用，只是一种表现种族情绪的武器，例如，发动战争或祭神时，他们便用诗歌来鼓舞全族的热情，举以婚礼或葬仪时，仅用诗歌表现他们的喜悦与悲叹，因此，古代的诗歌可说是代表民族情感的结晶，而近代的诗，不过是个人情感的记述而已。

诗歌的类别，随其性质的不同，而有许多的形式，但当以史诗、剧诗、叙事诗、社会诗，史剧近于写实，并不全根据诗人的思想。叙事诗、社会诗，近来还很流行，至于剧诗似乎已经衰熄了，也许是剧诗的性质比较复杂，而又不容易成功的缘故。

中国的诗，在文学中也是发生最早，《诗经》《离骚》，谁都知道是诗的正宗，学诗的人，无不从《诗经》《离骚》中，学习作诗的方法。汉魏六朝，古体诗盛行。后来流行的五言诗、七绝、七律，有人说是起于李陵、苏武的唱酢，这些诗体，到了唐代而极盛，诗仙（李白）、诗圣（杜甫）的作品，堪称诗坛的绝唱，是后来的诗人所望尘莫及的。

与诗歌同时起来的,是音乐、舞蹈。图画、雕塑的发生,也是很早,我们的初民,就知道在岩洞里,及其居住的周围,画成各种神怪的形象,把泥土做成日用的器具了。

音乐与舞蹈,都是空闲的艺术,随时表现,随时休止,不能作一瞬间的停留。我们读诗,看画,第一次找不到意义,可以再读再看,音乐与舞蹈就留不住痕迹,等待我们慢慢地来欣赏了。音乐的特殊材料是"乐音",这种乐音,是纯粹的音乐的声音,和说话的声腔,或其他一切的噪声、杂音完全不同,这种声音经过歌者悠久的训练,有旋律,有节奏,是从丹田中发出来的。音乐的外形,是音乐家创作的乐曲,至于音乐的内容,除非终能寻得了乐曲的主题,否则它的意义是无法捉摸的,在"纯粹音乐"中,其内容除了在音乐的本身去搜求之外,简直不能以言语来说明。

舞蹈与音乐是有连带关系的,在舞蹈时,不能没有音乐来伴奏,使舞蹈的步伐,与音乐的拍子取得密切的和谐。歌舞是人类的天性,人类常用歌舞表现内心的喜悦与悲苦,实有"移风易俗"的教育上的功能,我们应该适合人类的天性使他们得到合理的发展。

图画与诗文小说一样,都是时间的艺术,是画家利用熟练的技术,把线条构成形象,颜色与笔触,绘就画面,可以把比较具体的

傅抱石 《观瀑图》

东西，留住相当长久的时间，让人家慢慢地来观摩的。

画家的技术，未到得心应手的程度，决不能在画面上表现画家的意识，使观众们当欣赏画面时，并能了解画家的用意；所以，技术的训练，在画家是最重要的工作。训练技术的方法，首先是注意线条的学习，多多作人体的素描，人体的筋络、肌肉、骨节，最难画到出神入化，学画者能把人体的线条，训练成熟，那就无论什么东西的形象，都可以任意描绘了。画家们如果在初期作画时，缺少人体的练习，他们作画的技术，就没有基本的功夫。

技术熟练、修养丰富的画家，也同作诗，写小说，编剧本的人一样，决不肯随便把见到听到或想到的东西，当作题材，只求形肖，就算责任已了。他们必定也要运用自己的观察力，在现实生活中，在大千世界里，选择复杂变幻的人生，捕捉妙美离奇的风景，作为画的对象，再唤回过去积蓄的经验，思想扩大题材的内容，先是整个融解在画家的心灵里，兴味来时，再尽情地倾注在画面上的。像这样的作品，不仅能留住"对象"的真相，而且能勾摄"对象"的灵魂，使画家深远的思想，透过纯熟的技巧，深入浅出地告诉一般的观众。古人说："画中有诗，诗中有画。"唐诗人王维画山水，"咫尺之间，有千里之势。"这就是证明一幅成功的画，虽然默默无言，也能代表作家的意志，代表作家向观众们说话的。

雕刻之与图书，犹舞蹈之与音乐一样，都有连带关系的。雕刻是在绘画比较成熟以后的产物，凡是雕刻家必先经过绘画的阶段，才能使用之于绘画上的笔触，刻画立体的线条，并采取绘画的构图法，制成具体的轮廓。人们为要保持平面的记忆，才有图画；但还不满足，更要求永远保存立体的记忆，就有雕刻的艺术，随着绘画而发生。

现在，我们就得谈及散文的艺术了。散文是作家内心的美感，靠着慎选适切的字义，美丽的语句，劲炼的结构，所表现的哲理的

傅抱石 《擘阮图》

傅抱石 《春到梅花山》

思想和纯洁的情绪。散文是轻描淡写，非常素朴的文体；但却有含蓄不尽的趣味，和绵绵不绝的力。在散文中，如含有完整的故事，缜密的结构，以及人物性格的分析和描写，那就是小说的形式了，小说当然是散文的一种，也可以说是散文的更进步的形式。没有什么具体的故事，只是选取妙美的字汇，来抒泄作家的情绪和想象，那就是散文的诗，或诗的散文。

散文要生动自然，简洁练达，深刻精微。凡是雕琢的、呆滞的、浅薄的散文，是谈不到散文的艺术的。散文的风格、节奏，必须和内容取得一致，明显地说，就是浪漫的思想，要由浪漫的风格来表现，现实的思想——平凡的思想，却需要一种现实的风格来表现。散文的作者故意创造风格，堆出浮面的辞藻，掩盖浅薄的思想，或竟把辞藻来代替思想，都是失败的散文。

在文学中上继散文而起的是小说。"小说不仅是虚构的散文，而且是个人生活的散文，是最先企图把个人生活的全面，运用艺术的手法来表现的。"（见福斯脱著《小说与民众》一书的序言中）小说和其他艺术区别的特点，就在它能使人类秘密的生活，充分地显现。小说能给读者们以更完全的描写，自从电影发明，小说在艺术领域的皇座，不免蒙受影响，但也只要从速采取电影的长处，注意画面、动作的描写，减少叙述式的散文，必能巩固自己的地位的。

小说的表现方法，又和戏剧不一样，在戏剧中的组成部分，如对话、情节、动作、布景等等，都可以听作者分别来记录，不受整个结构上的制限。小说是包含了剧本所应有的一切而必须纳入整个的结构中混合写成的。小说的创作是根据作家自发的趣味，要以法令、公式、教条、批评家的威胁，来束缚作家的创作意志，是劳而无功的。唯一可以左右作家的意志，使之就范的是他们的生活环境。因为作家也和一般人一样，是同在一个环境里生活着的一员；虽然，作家们有其独特的见解和性格，可以于环境中感受的一切，另具慧眼，拿出特异的批评，表示与众不同的态度；可是，作家们却不能不在同一的生活环境里感受同样的影响，从同样的影响中服从共同的意志，那就是所谓"时代的主潮"。

戏剧的发生，差不多比小说要早，当音乐、舞蹈发展到相当的程度，可以用于戏剧的表现时，戏剧就产生了戏剧的文字，是散文的形式，人物布景是图像，同时又离不了音乐和舞蹈；所以，戏剧

傅抱石 《琵琶行》

是综合的艺术。为戏剧下一个定义，就是："戏剧是人生的解释、记录、反映——将人生中不良不正当的成为问题的事件，由几个扮演人，模仿或表现给一般人观看；用意是改善人与人的关系，革除这些不良不正当的事件，就是戏剧。"（洪深：《电影戏剧表演术》）

这定义，不仅适于戏剧，即电影的性质也是一样。因为电影与戏剧，同是采取人类顶精彩动人的片段，构成故事，形象化地表现在观众之前的；所以，电影与戏剧尽管都有文字写成的剧本，但不同小说、散文似的，必须经过文字做媒介，间接体验文字的内容，重新把人生创造出来给自己看；而是由于舞台上、银幕上各种人物的活动，直接刺激观众的视觉与听觉，直接从演员的演出中，接受印象，发生感想的。

电影与戏剧，都是依赖演员的演技来表现的。演员的演技，就相等于画家所习用的线条和色彩，散文、小说的作者用以表达思想情感的语句。换言之，这些都是传达思想情感的符号。成熟的演技，是演员们了解自己的生活以后所得到的人类活动的要点，再加以提炼、整理、醇化的结果。在社会的大舞台上由各色人等所扮演的话剧，都是剧作者取之不尽的宝藏，但从未经过冶金师的提炼，依然是夹沙带泥的原料。因此，要希望演员的演技，达到预期的效果，都要有称职的导演，戏剧与电影，同点甚多；然也有许多不同的所在。最显著的一点,就是戏剧被束缚于舞台面所指定的范围,对于空间与时间的描写,是比较不自由的。至于在银幕上就可以任意运用开末拉①,由"超特写",开展到"超远写",在前一个画面可以表现巴黎的咖啡店,而接着幻出纽约的酒吧间;在前一个镜头,画面上的人物,是在回想过去的旧事,而接着便能把人物拉到现在表示他正在干某一件工作。电影在空间上无拘束,时间上不受抑制,自有声电影勃兴,表现力更强,一般人不免对戏剧的前途感到忧虑。其实,这是不必要的过虑,有声片的技术,虽更近于戏剧,不过,在观众心目中早就存着是人的影子在银幕上的活动,是虚无的,捉不住实感的,决不若戏剧的表现,有血有肉,有活跃的声音笑貌,表现得更真实,更能给观众以直接的影响;所以,戏剧在电影流行的今天,仍旧有继续发展的可能,即使是有声片的进步无可限量,无舞台艺术的观众,也是无法夺取的。

三 怎样欣赏艺术

爱好艺术是人类的天性,我们要使这种天性,得到适当的发

---

① 开末拉应为camera(摄影机)的音译。——出版者注

展。那么,从小就培养小朋友们欣赏艺术的能力,是十分重要的。这并不是要小朋友们都学做艺术家,但无论是谁,都应该发展欣赏艺术的能力,才可以充实生活的内容,扩大人生的幸福。

自然人人都不缺少艺术的欣赏力,唯艺术的欣赏力愈强,愈能在艺术的氛围中,得到安慰和感情,是一定的。我们希望擅长某一种艺术的创造,在技术上须有长期的学习,因为这都是专门家的工作;同样的,要具有欣赏某一种艺术的能力,如果完全不懂某一种艺术的本质,及其构成的方法,是不能深得其中三昧①的。譬如,我们要养成欣赏音乐的能力,就应该具有下面的几个最低限度的条件:

①乐理、乐谱与术语的辨认:我们要读书,先要识字,看一幅图画,也要辨得出颜色;那么,要欣赏音乐,就必须懂得普通的乐理、乐谱和术语。

②听觉的训练:音乐既有特殊的材料——"乐音",我们的耳朵,就必须经过一番训练,才能分别"乐音"的高低强弱,及各种不同的音色。

③乐器的常识:各种乐器均有不同的音色与特性,我们至少要

---

① 三昧:佛教用语,意思是使心神平静,杂念止息,是佛教的重要修行方法之一。借指事物的诀要。

傅抱石 《东山丝竹》

训练到从它发出的音色上辨认它是哪一种乐器,才知道伴奏的乐音是否和谐。

④音乐史的常识:我们必先明了音乐的沿革,作家的传记及其时代的背景,才容易探讨乐曲的内容和意义。

根据培养欣赏音乐的条件,可见要做一个真正的艺术欣赏者很不容易,音乐是如此,其他的艺术也是一样。

傅抱石 《芙蓉国里尽朝晖》

关于欣赏艺术的心理上的过程,可分为三方面来说明。

第一是知觉的欣赏,即某种艺术的外形,最先接触到我们的官能,进而起了一种愉快不愉快的感觉。这种幼稚的欣赏,是直接的、本能的。

第二是情感的欣赏,即我们的官能(知觉、触觉、听觉、视觉、味觉……),受着艺术的激动,使我们的情感跟随艺术的感召,发生喜怒哀乐的变化,引起精神上的陶醉。

第三是理智的欣赏,这是艺术的最高级的欣赏,需要有相当的修养,丰富的经验。自己虽不是艺术家,但必须知道艺术的内容及其创制的方法和步骤,方能体会艺术的神髓,由情感的共鸣,进而为理智的欣赏,对作品发出合理的中肯的判断。一般的艺术批评家,也是艺术的欣赏者,不过,他们比较偏重理智而已。

我们生存的大自然,就是最理想、最伟大的艺术,各地的风景线,千差万别,都具有不一样的性格,即以中国的名山大川而论,就没有一处是相同的。峨眉天下秀,青城天下幽,庐山博大,黄山奇伟,五岳苍庄,这是名山的特点。以言大川,长江浩荡,黄河浑瀚,三峡奇险,桂江清丽,富春深远,钱塘潮高,也都各以其特点见称于世。到过西湖的游客,都能在他们的记忆里说出南北高峰的峭拔,六桥三竺的柔媚,湖渡如镜,游鱼可数,走马苏堤,杨花拂面,到处充满诗意,随地都是画图。登临岳阳楼头,就能在烟渡万顷,白云碧浪中,看见洞庭湖的伟大,余如太湖的浩渺,鄱阳的深远,洪泽的荒漠,亦多赖其卓绝的禀赋,自成佳趣。至于时季的冷暖,朝晚的光色,海滨的潮汐,高山的森林,更是大自然布置艺术环境的好材料,当我们接触到春花、秋月、夏天的红霞、冬季的白雪,不难体验到大自然的匠心,实尤胜于艺术家的妙手。

人类生活在大自然的怀抱中,常常不注意大自然给我们的恩惠,不知道养成欣赏大自然的习惯,真是可惜的事!小朋友们!你们在朝晨起身,可以推开窗户,瞭望旭日的上升,或在树林里散散步,听听好鸟的歌唱;放学回来,夕阳挂在山背上,可以看看江上的归舟,山中的云,自由自在地沿着涧河走走,默揣持竿的老翁,在悄悄地等候上钩的大鱼,到晚来,月影爬到竹竿高,微风摇动屋前的树尖,你们可以在院子里坐坐,一面听人说故事,一面欣赏从树荫中漏出来的明月,计数天上向你烁眼的星星。大自然为你们创造这些妙美的艺术品,你们千万不要轻轻放过,因为美丽的大自然,能振奋你们的精神,增加你们的智慧,扩展你们的胸襟,提高你们的情绪,强壮你们的身体,大自然就是一座收藏宏富的图书馆,表现众生相的大舞台。不过,我们要有欣赏自然的能力,就必须有了解自然的知识,假使对大自然的一切,茫然无知,就无法接受大自然的感应,任何妙美的环境,也不能停住你们的脚步,你只是一个忍忙的过客,整日皆为生活奔走,在短促的时间轨道上,很快就走到你的终点,像这样的人生,有什么意义!我常看见有些持竿垂钓的老渔翁,骑在黄牛背上的牧童,在西湖里打桨的船娘,他们的一举一动,都能入画,他们所选择的环境,又是那么妙美,富有诗意;但他们毫不觉得生活的趣味,面对着理想的湖光山色,缥缈的烟容云态,若无其事,不闻不问,在他们的脑海里,曾不能激起一点轻微的反应,这原因就在这些人不了解自然,不懂得自然与人生的关系,所以不能欣赏自然;可见我们要做一个艺术的欣赏者,也非经过训练不可。譬如在广大的民众之中,随便叫出一个从未欣赏过艺术的农民来,第一次把希腊的玉器雕刻,乔陀的古典画,陈列在他面前,把但丁的神曲朗诵给他听,贝多芬宏壮和谐的音乐,奏弹给他听,然后问他究竟作何感想,如果他是诚实不说谎的人,他一定会对你说:他宁可看乡村古庙里泥塑木雕的菩萨,宁可看商店的

傅抱石 《从斯摩列尼兹宫下望》

广告画、月份牌,甚至出钱争购街头的画张,他宁可看乡下草台班的京戏,听叫花子唱莲花落,或听一曲粗俗不堪的舞歌,在这意义上,我们要从教育程度较差的民众之中,施行感化教育,我以为最好是提高他们艺术欣赏的能力,使他们在生活上激发爱美的要求。

艺术的职责,在求事物的美化,艺术的欣赏,就是一种审美的能力。美的现象，千变万化，长于审美的人，就能在变化无穷的美的现象中，根据爱美的人生观，求得美的一贯的系统，使与人生有关的一切，起着美化的作用。美化的教育，是与生活打成一片的教育，我们常给民众以欣赏艺术的机会，积极提高他们审美的能力，使他们时时接近美的现象，美的氛围，自能把不美的甚至是丑恶的本性与行为摒弃，在耳濡目染中，发生潜移默化的功效。我们对一般失学的民众，要多多施得美化的教育，同样，我们对多数初学的小朋友们，也要从培养他们艺术的欣赏力，激励他们爱美的要求入手。小朋友有审美的能力，方有爱美的要求，知道爱美的小朋友，自然会爱清洁，爱名誉，求上进，刻苦向上。所以，我们要使学校的环境，离开都市龌龊的空气，尽量接近自然，要引导小朋友们领略自然的变幻，荡涤他们的心胸，并且要适合小朋友的需要，建筑儿童的剧院、电影院，表演和放映富有教育意义的剧本与影片，多开音乐会、舞会、运动会、儿童的画展，以及饶有艺术趣味的恳亲会。这都是训练小朋友们的审美力，陶冶小朋友们美的人生观的方法。

在美的人生观中，尚有静美、动美、优美。壮美与真善美合一之说，在这里，应有简要的说明。

日月星辰的行运，飞潜动植的生长，因电子的活动，在空间所发生的一切变化，有如电火的横空扫射，雷声的震地欲裂，海涛的

傅抱石 《韶山图》

呼啸,怪风的怒号,北极的回光,银河的演影,星坠了,地陷了,火山爆裂了……这些都可说是动的美,凡动的美,都是阔大的手笔,浩瀚的气派,所以又叫作"壮美"。

在月白风清的良夜,四郊静寂无声,月光从窗眼里穿进来,照亮书房的一角,照醒我沉思的灵魂。壁间挂着精致的书画,案上搁置鲜艳的瓶花,在净洁无尘的琴架上,客放大音乐师的乐谱,自己捏亮湖绿色的台灯,翻开古诗人的名作,低声吟诵,不觉潇洒出尘,神与古会,这就是静的美,凡在静穆中显示美趣的对象,都是精微、脱俗的,具有高尚的风韵的,所以又叫作"优美"。

动静是相对的,久动必思静,久静则思动,动与静的美,为人

类生存的要素，不可偏废，如只有动的美，则疲于奔命，心灵得不到安宁和调节；只有静的美，即形同槁木死灰，缺少蓬勃的生机。人类对于美的追求，仅满足了动或静的一面，是不够的，常需要使动静的两面，获得均衡的发展。艺术的目的，在求事物的美化，科学的目的，在发明真理哲学的目的，在止于至善，他们的责任虽不同，然尽美的东西，才是尽善的，虚伪的东西，也是丑恶的，真的才是美的，有了美的情感，就有善的意志，真的智慧；美是人生行为的根源，凡是美的人生，美的行为，必定是善的，真的，因为真善美是合一的。艺术的美，美的艺术，与生活的关系，既这样密切；所以，我们不但要训练审美的能力，而且要尽量做到生活艺术化。

四　生活艺术化

生活艺术化，就是要把丑恶的、混乱的生活，达到有组织、有秩序、纯粹美化的境界。美无分于精神和物质，一种悦耳的歌声与天上的神曲，一个美丽的花园和奇异的海市蜃楼，同样的可爱，人

傅抱石　《湘夫人》

类的生活有精神与物质的两方面，是灵与肉的混合体，关于美的满足，不全是精神的陶醉，也不全是物质的享受，而是精神与物质，灵与肉，都能起美化的作用，从美化的作用，进而建立美化的人生观。生活的美化，并不是使生活流于奢侈的意思，奢侈的生活，与美化的生活，绝对不同。美化的生活，是最经济、最卫生、最合用、最有趣味的生活。

现在，我们先从衣服、饮食、住屋、及道路说起。先把怎样就能使人生的四大要素——衣、食、住、行，合于美化，艺术化的条件，研究一下。

（一）衣服：人类的衣服，不是为了维持礼教而设的。有些社会学者认为爱情扩张的主因，是由于衣服蔽身的作用；赤身露体，毫无遮隔，反是爱情的仇敌。此刻尚有许多半开化的民族，视裸体游行，不以为异，即文明国家的妇女，亦多穿敞开胸膛，露出臂腕的服装，借以表示体格的健康与美丽呢。可知发明衣服的动机，实与"礼教"无关。

穿衣服的真意义，第一是为了御寒，第二是为了遮羞，第三是为了增加美观。

跟随各民族的气候、习惯、经济条件、审美观念的不同，使人类的服装，造成极复杂的形式。然人类往往安于既成，不肯改造，

傅抱石 《晋贤酒德图》

以致那些不合科学及艺术标准的服装，犹多因袭至今，既得观瞻，尤密卫生。老实说，中国民族的衰老状态，就大半显现在腐旧的服装上，男的长袍马褂，大鼻鞋，尖顶帽，女的分成上衣下裙，或套上竹竿形的长袍，至于儿童的服装，都和成年人差不多，七八岁的小朋友们也装扮成"老气横秋"的老年人一样，像这种腐旧的服装，如不彻底改造，我们的民族精神，是永远没有振作的日子的。

增加美观，是衣服的主要条件之一，衣服美，则人的举止动作，言笑周旋，就不会暴戾怪癖，损害社会的和谐，就能使人与人的往还，发生真切的情绪，热烈的生气；所以，衣服的艺术化，可以使自己得着舒适的快感，引起人群爱美的观念，兼能增进社会和谐一致的幸福。

（二）饮食：人类的生活力，都从饮食而来，人类为了维持生命所发生的一切欲望，大部分是由求食而起，饮食之与人生，实比衣服更重要。人类由于得着适生的食物，增加血液，变为体内的热力，再由热力变为人们的思想、情感、意志及动作等等的作用，所以，我们可以说，饮食是生命的源泉，而使饮食艺术化，就是创造美的生命的源泉。

美的饮食同美的表服一样，也当以经济、卫生、合用，富于美的趣味为原则。像一般人的豪饮狂喝，一餐千金，实在是浪费，无论在哪一方面说，都是有害无益。

饮食的质料，可分为正粮、副粮、饮料及附属品四类。按各地的习俗，常以米、麦、番薯、黍、稷为正粮，豆、粉、鱼、肉、菜蔬、水果及糖料为副粮，茶、咖啡、牛乳、汽水为饮料，酒、烟等食物为附属品。我们在运用这四项食品时，宜根据个人的经济状况，分配适当，使能合于上述的原则。有的人不重视正粮与副粮的食品，只以烟酒为命，绝无节制，即能刺激一时的疲怠，究属弊多而利少。

食物的质料，但求富于营养，不一定是山珍海味，若鸡蛋、豆腐、蔬菜、西红柿，均含有充分的蛋白质和维他命，其给予我们的实惠，远胜于席上的奇珍，不过，为达到艺术化的目的，必须讲究制造的方法，同是一正粮，像北方黑灰色和作蚯蚓狀的面条，苏北人把粗黑的瓦碗装得满满，糙米饭，真是食之无味，弃之可惜，徒累胃腹而已！食物的质，不必高贵，全在其制法是否艺术化，同样的食物，因为切割的形状长短、方圆、大小不同，及烹调和味得法，于滋味，卫生及美观上，便大有差别，贵如燕窝、鱼翅、熊掌、银耳等食品，如烹调失当，还不如白净可口的豆腐，因为视觉愉适，即能影响味觉、美观与美味，是有连带关系的。

（三）住屋：我所居住的房屋，无求华丽，其地点以选定郊外，山中及水滨为最合适，这些地点，虽不及市廛的昂贵，却无市廛的炊喧，兼可得到新鲜的空气与日光，既宾静闲适，又能享受大自然的景物。

住屋当划分为客厅、寝室、食堂、厨房、浴室、厕所，及家畜的居栖等部分，但须井井有条，各得其所，室内不可空无一物，书画陈设，更须安排妥帖，万不可如乡下人似的，把大小便桶放床侧，任猪狗鸡鸭睡于案下。住屋的建筑，视可各人的经济力，以定形式的宏壮与朴质；然在美观方面，与经济力殊无多大关系，拥有巨资的富翁，因能在室外再造园囿，使门店窗牖，各具一格；至于无钱的穷人，就是竹篱茅舍，豆棚瓜架，也可别出心裁。在住屋的

傅抱石 《春亭对弈图》

周围，有的是空旷的园地，我们可以着意栽培苍松垂杨，悉心灌溉佳卉名花，则一年四季，松柏常青，树宿婉转的歌禽，花引美丽的蝴蝶，岂非人生一大乐事！

屋内要保持绝对的清洁，清洁是美观的主要条件。此外，冬天宜注意温度的吸收，夏天应关心凉气的调节，这样，住家的人，便常有春日和煦，秋风送爽的美感，就不至于以家居为苦事，视家庭为地狱了。

（四）道路：在衣、食、住之外，与人生最有关系的，就是道路了，因为人类的一生，不外乎两件事，家居与外出，家居的时候，需要有适当的住屋，外出的时候，需要有美观的道路。

我们向不注意筑路和护路，国内除了几条公路及铁路，在内地的穷乡僻壤，简直无路可走。即都市的马路，也多不讲卫生，尘埃飞扬，随地乱吐的啖唾，更是繁殖肺菌的酵母，在农村，大抵是羊肠曲径，蓬蒿丛生，或则怪石如齿，山坡奇险，苍蝇、蚊虫、毒

傅抱石 《斜梦江南》

蛇——充塞道途，不特有碍观瞻，实可损害民众的健康；所以，我们必须从速改良道路，或建筑现代艺术化的新道路。

现代艺术化的新道路，可分公路和私路两种：公路是由五条线所合成，路的中央，满栽花树，各间一个小小的花园，其旁有长椅短凳，可供休息，靠近中间线两边的二条线，是人行道，人行道外的二条线是车行道，各线的两边，都杂植梧桐及草树。私路的面积，虽不如公路的宽阔，然更要美丽精致。在上海青岛有外人居住的乡村，他们的私路，都是以矮短的青草如毯，金黄色的细砂作毡，路侧围以芳香的花篱，路上盖着苍翠绿草，人们在路上散步，恍然如同走在花园的过道上一样。像这样美观道路自能感觉到一种乡村散步的乐趣，彻底涤除生活的烦郁。

衣、食、住、行，是人生的四大要素，我们要使生活艺术化，必先从美化衣、食、住、行做起。我们的衣、食、住、行，既能合于美化的条件，就能以最少的经济力量，得到最大的卫生，最多的兴趣，最大的幸福，我们的精神生活，也自能得到最圆满的发展。凡健康的体格，高尚的人格，以及卓绝的智慧和抱负，都是在艺术的生活环境中熔铸出来的结晶。

中国艺术与中国艺人

中国艺术产于中国艺人,此夫人而知者也。然中国艺术亦产生中国艺人也,广大高明之艺术必有盘礴坚贞之艺人;二者似异而实同、似远而实迩,因果相互,无或爽焉。语云:鉴古可以照今,知人可以论世。谓循是义粗陈其略。

中国历史最长,虞夏以前,虽尚有待考古学者、历史学者给吾人以更可据之结论,而商周以降,有遗物可征者,至少亦有三千五百年,被称足以代表中国新石器时代之仰韶文化,即已具体呈露中国国土与中国国民在艺术所织成之光辉。纵以殷及西周之铜器、两汉之石刻、晋之人物画、南北朝佛窟造像乃至唐宋之艺术……绵绵数千载以迁变迁回曲折,遂使中国艺术完成举世不可比

傅抱石 《前赤壁赋图》

拟之伟美,吾人恒谓艺术为一国历史之最大表白,职是故也。

中国人文思想,虽以儒家思想为之枢轴,而道家思想实为之轮辂。以是艺术,上所显示之痕迹,往往以所受后者之影响最为直接。到汉一代,史家以为乃儒家握有权威时代,而同时道家思想则极活跃于宫廷广大之社会阶层。武帝固力章儒术,但武帝更崇尚不可思议之道家天地。彼时若干建筑、绘图之制作,今日均不难在遗迹或文献上获得有关道家想象力之充分证据,证明汉以来中国艺术之进展,道家思想实不可忽视之一点,晋宋之际及其以后,外来影响,固浸淫涵泳与日俱深,而未足使中国艺术变易色彩。

傅抱石 《西陵峡》

中国艺术，既成自中国之历史与思想，中国艺人如何乎？自见之庄子……宋画史，史传所记多属轩冕才质、岩穴上士，盖艺人之品格为支持艺术价值之唯一力量。郭若虚曰："人品既已高矣。气韵不得不高。"王昱曰："学画者，先贵立品，立品之人。举墨外自有一种光明正大之概。"方薰曰："操一艺以至神明者，必先抱卓绝世之见。"邹一桂曰："未有品不高而能画者。"此种以敦品为第一义之艺术观，唯中国艺术有之，亦唯中国艺人有之也。

敦品而外，学问尚焉，所谓善读书以明理境也。韩拙曰："人之无学，谓之无格。"又曰："寡学之士则多性狂。"故宋人多以学与艺并举而并重。至明末董其昌，其义愈益谨严，曰："读万卷书，行万里路，胸中脱去尘浊，自然丘壑内营。"宋之赵大年，昔人谓，"得胸中着万卷书，更奇。明之唐寅与周臣，详者亦多同此感"。

人品学问备矣，非才情又不足以发之也。中国艺术必周气韵。谢赫六法，气韵生动居第一，唯气韵虽由生知，亦半在学得；郭若虚所谓"不可以巧密得，不可以岁月到者"，是生知也。韩拙谓："生有颢蒙明敏之异，学有日益无穷之功，是学得也。"昔钟繇得蔡邕笔法于韦诞，既尽其妙，苦其难以言传也。曰："用笔者，天也；流美者，地也，非凡庸所知！"

过去中国艺人如此,中国艺术可知也。此后中国艺人如何?中国艺术不可知也。吾每讽诵若干清中叶艺人于当时惊世骇俗沉溺利欲者之呼号抨击。吾始憬然沉清艺术之何以日下也!可不惧哉!可不惧哉?

中国的画学

中国绘画，据既有之资料——若干文献及实物——在周代即有相当的发展。故周秦诸子的著作中，便可以察知对于绘画是怎样一种看法。他们当时是中国学术思想最自由、最活泼又最光辉的时代，真好似逞红斗紫、百卉争妍。绘画思想上也形成了两条路线：一是尊崇着自我的修养，一是重视对形象忠实的描写。前者为主，可以庄子为代表；后者为从，可以韩非为代表。

庄子的绘画思想也可以说是文艺观，是纯然认为作者的道德世界为作品的世界，而这世界又是和"天"一致的。《外篇》里有非常动人的故事：

宋元君将画图，众史皆至，受揖而立，舐笔和墨，在外者半。有一史后至者，儃儃然不趋，受揖不立。因之舍。公使人视之，则解衣磅礴赢！赢君曰："可矣，是真画者也！"

他所尊崇的是"儃儃然""解衣磅礴"的"真画者"，离形去智，物我两忘。韩非子也有一段重要的记载：

客有为齐王画者。问之："画孰难？"对同："狗马最难。""孰易"？曰"鬼魅最易"。狗马，人所知也，旦暮于前，不可损之，故难；鬼魅无形，无形者不可睹，故易。

狗马鬼魅难易的问题，确是搔着了大部分画家们的痒处，□①是不薄的。《淮南子》曾有"谨毛而失貌"的批评，可见当时的风气如何变迁。

原来庄子的绘画观，实际即是当时的天道观。宇宙万物，以为都受一定的自然法则所支配而不断地动着，谁也不能违反这一原则，即谁也不能不遵守这一原则的。《易传》说"天下之动负乎

---

① 因文章发表较早，底稿字迹不清，所以以□替代，后同。

傅抱石 《赤壁夜游》

一","动"就是"变",是从一而变的。他在《齐物论》《天下篇》《田子方》诸篇,都有这一原则的阐发。

所以绘画上,"氤氲化生"的道理,应该与宇宙(天)(自然)相会。这消息,从绘画里去窥察,最是深切著明。孔子曰:"志于道,据于德,依于仁,游于艺。"把"道"与"艺"来完成中国绘画思想的基本体系,是值得我们沉潜的。

这思想,大体说来,它已支持了中国数千年的中国绘画的发展,虽然随时代因了客观的条件而有某限度的迁变,但无疑仍隐然是多样迁变中的主潮。唐符载评张璪的松石说:"观夫!张公之势,非画也,真道也。"宋董逌评吴道子《大同殿图》说:"论者谓,丘壑成于胸中,既寤则发之于画,故物无留迹,景随见生,殆以天合天者耶!"两人的话均可视为中国绘画思想具体而有力的诠解。

中国的"艺"与"道"二位一体的思想,到了第四世纪中叶,显然地呈现了两种的进展。这进展是非常重要的。一种是伴着人物画而起的"写实"的洗练,一种是伴着魏晋以来爱好自然而起的"山水画"之产生。后者虽可自为画体上的问题,而实关联着中国整个的民族文化。中国人无不以胸襟旷廓著称,我看和这山水画的发展具有密切的因缘。这两种进展的配合,再根源于前期的传说,就很容易开辟非常灿烂的另一境地。它的影响,似包孕了自东晋至五代的一个长时期——即第四世纪至第十世纪。

东晋至五代,说是中国绘画思想最成熟、最精彩且最富决定性的时期,或不致令人质疑的。东晋顾恺之在《魏晋名臣画赞》的小序里,提出了"迁想妙得"四个字为绘画创作上的原则。他以为作画必须"实对",即是"时"着"实"的意思,但这与韩非子和张

[东晋] 顾恺之 《洛神赋图》局部

衡等的见解微有不同，"实对"是"迁想妙得"的必经阶段，而其终极目的则在"全其生""传其神"。他这一体系的建立使中国绘画扫去种种的束缚开始向艺术的道途迈进。

在今日中国称为中国绘画主要部门的山水画，据最近的研究，至迟也成立于第四世纪的东晋。顾恺之的《画云台山记》里就是中国最早的一篇精湛细美山水画的计划书。接着刘宋时代（420—

479）的高士宗炳和王微对山水画的理论、技法要点有了惊人的建树，于是"写自然"的方法基础也奠定了。如宗炳的《画山水序》、王微的《叙画》现在读起来也会令人心神肃然。且关于写生构图事乃至这世纪始被公认的透视方法……都有不可磨灭的精论。

后顾恺之约一世纪的南齐（479—502）谢赫，承着既有的体系发展为：一、气韵生动，二、骨法用笔，三、应物象形，四、随类赋彩，五、经营位置，六、传移模写的"六法"。我们应该注意，六法不是创作的原则而是一种批评的标准。因此，我们知道自顾恺之到谢赫的约百年期内绘画思想上的变迁是颇为巨大的。

六法见于谢赫《古画品录》的小序。劈头说："夫画品者，盖众画之优劣也。……虽画有六法，罕能尽赅，自古及今，各善一节。六法者何……是也……"极其明显地解释了他是执"六法"来品众画之优劣。谁的气韵生动？谁的用笔好？谁最善着色？谁又最工摹写？都针对着他所批评的画家。

《古画品录》产生，实际是斟酌顾恺之《魏晋名臣画赞》的规模。自这两书始，经由唐宋元明直至1880年刊行的秦祖永《桐阴论画》，可以衔接地汇成一部中国画人传记或可称之为画史的。虽然多少著作的体例，分"品"分"格"随时代而异，但《古画品录》还是唯一的典型。所以，谢赫之于顾恺之，也好像顾恺之之于

[宋]郭熙 《早春图》

他的前期诸思想。"写真"的位置起了动摇，居第三，而后于气韵生动和骨法用笔；同时"色彩"被重视，跻为六法之一居第四。在这时期，中国绘画重"线条"（骨法用笔）、重"色彩"（随类赋彩），但"墨"还未见抬头。

第九世纪末第十世纪初（唐末五代），中国绘画上"墨"的重要被画家们体认了。随着"墨"的高潮，加以材料工具的变化，色彩渐从画面上慢慢地褪淡。这一剧烈的波动，遂造成宋代三百余年（960—1279）绘画思想上的急变。对于过去的"写实"，一变而为公开的打倒"形似"，从事精神和性理的宣扬。像苏东坡、黄山谷诸名贤有力的倡导，南宋以后，便很清楚地看到中国绘画思想和民族精神合而为一、同其消长。

宋代的这种转变，是有其社会思想做背景的。南宋忠义之多，在熟读中国历史的人是不易忽略的。所以，宋人一面打倒"形似"，一面又呼号"人品"，薄技巧尚性灵。不唯燃起了元代（1271—1368）伸张"意"、"志"的燎原之火，不过草草，入眼荒寒，简直使千年来的中国画形成另一种超然而独特的样式，这情形，在元代及明清两个时期的画家及其作品，是足以一览无余的。

数百年来，中国绘画思想的主流仍不外两条：一是假笔墨以写其胸中所有；一是用为陶冶性情的工具。

国画古今观

去年春天,写得此稿,旋亦不知去向,近始重见,公之于明年的春天,对于过去国画之情势略具检讨性,对于未来国画之途径,亦不无多少展望也。民国三十五年(1946)十二月七日补记南京。

近一二年,因为画展频频,引起了社会上严厉的指摘,一般舆论,除特殊情形外,笔伐口诛,可谓入木三分。我们谨怀无限的惭悚,敬表同情万分,并不断掬诚检讨着自己和可能知道的若干公私形式的美术活动,反复思维,对于美术尤其中国绘画的上作,实不胜其恐惧之感。

通过接到的评论中,较主要的理由约有两点,中国画不写实,与抗战无关,已失去它原存在的价值;这点学美术的人感觉最痛

傅抱石 《崂山印象》

切，天天在苦恼中，是不容争辩的事实。而今日的现象，偏偏三五天的展览，据报纸的报道，可以"发财"，可以"起家"。凭什么？真是"是可忍，孰不可忍"了。美术应该是清高的，不食人间烟火，始足以抗心希古，挖扬清标！现在艺术变成商品，画家变为资本家，而鉴赏收藏者又无非是些"油漆未干"之辈，此来彼往，唯利是往，此所以"民生凋敝"也欤？

窃以为中国绘画和写实，不仅是美术上——思想、工具、材料、技巧、形式——的问题，乃是一个严重的中国文化的问题。自初唐以来，历代的画家、考据家、鉴赏家，议论不衰，原没有忽略过。我们更极端同情两者间的距离一天天的缩短来。事实上，正有不少的作者孜孜致力于此，其成绩有很多足以称述的。我们反对泥古的自用的掩护中国画各方面之缺憾，更反对使用种种方式来逃遁文饰中国画以外的弱点。但在今天，还需要多数画家积极研习的今天，我们尚未敢遽切承认"远山"之上画几架超空堡垒，或画几门远射程的大炮，便是现实，便与抗战有关。然而，这伟人的现实，坚信必不会被屏于多数画家的腕底。就艺术言，凡一件成功的作品，其唯一条件应是时代精神最丰富的作品，例如，北宋范中立画过华山，明初王安道画过华山，现在的张大千先生也画过华山，相距千载，都是与华山之实而各不失其浓厚的时代感，故各不失其为艺术上的杰作。假使今天还有人去画，纵然华山上有高射机关枪，他是应该审慎地处理的。

　　至于艺术变成商品，世界上早已没有人加以惋惜，在中国更有千年以上的历史。不过这商品，既非如柴米油盐的日用必需品，也不像口红香水的奢侈品，它的用途和价值多少是属于偶然的。事实是如此，出身美术学校以艺术工作为终身职志的，大部分为获得生存陆续的改了行，即少数暂时没有放弃的，现在纵把全月的薪津也换不了十二管拇指大的油画颜色，或装裱二三张四尺的中国画，他们需要作画，也需要生活，多数还有沉重的负担。最近重庆有几位最努力且具相当造诣的青年画家的个展，他们一方为将富于现实题材的创作公开祈求教益，一方也为了生活及工作想换得几文，使所业可以延续，于是辛苦地筹备着。这在健全的环境之下，无疑是值得注意、值得批评的一个举动，然而相继地馁气了。这情景，并不会要求社会上给予宽恕，却多少解释着他们没有把握到商品，"发财""起家"应属于另一种特殊的态度。

　　这类废话，自不能解答什么问题。最好将来有那么一天，一切艺术教育艺术研究的设施，陆续地被取消。学美术的渐减，画家决无由产生，画展自随之灭绝，画展绝迹，一切便好办了。在那么一天到来之前，希望制颁审查办法，严厉限制，非经三审，不给执

[宋]范中立 《溪山行旅图》

傅抱石 《苦瓜诗意》

照,且须先行缴纳巨额现金,保证战时利得税之扣收。这样,混乱的情形,很快便可告澄清。

原来历史已经明白地告诉我们:自隋炀帝以下,唐的玄宗,南唐的后主,宋的徽宗、钦宗、高宗,元的文宗,明的太祖,清的圣祖和高宗,他们都宏奖学艺,爱好书画,所以他们逃不了后世的春秋之笔。炀帝后主的荒唐、徽宗钦宗的被虏,揆厥缘由,当是倡导文艺游心书画之所致,最不识时务要推"便把杭州作汴州"的宋高宗,偏安未久,父亲的尸骨未寒,一面上表奉帛向北议和,一面还闲情逸致亲下诚恳亲切的诏书，说是"本朝自国初至今，士人以书画名者甚夥，虽有一二，竟非有唐之比。今若漠然措之，时移事去，习尚亦与之隆污，终至不可挽回也"。遂恢复翰林国画院，收容一大批从河南、山东逃来杭州不傲顺民专画远山的画家。这种不知缓急的举动和元文宗建奎章阁立柯九思为鉴书画博士，同时虚糜国帑，就是明季之亡，现在也不难证实是太祖初定天下立即设置翰林图画院奖励艺术的果报。至于清的圣祖和高宗，更是好整以暇，牢笼人心，1684、1689（年）两次南巡，两度找过那明藩之后只会画山的苦瓜和尚，1691年还把王石谷请到宫里去，画什么"南巡盛典"，高宗更为失策，礼遇着轴心之一的意大利人郎世宁，画下些"百骏图斗""准噶尔贡马图""平定准噶尔"之类，后者还辗转周折由广东拜托法国兵船带到巴黎刻成铜版画，这是为什么呢？1705年以后又大量纂辑《书画谱》《广群芳谱》《石渠宝笈》《秘殿珠琳》……许多笨重的读物，弄得外国人也容易知道十七世纪前的中国美术史。

　　幸而自此以后，没有多大差池，形势渐趋好转，不料鸦片一战，门户大开，形形色色的宗教画开始流将进来。他们真傻，朝野上下，不惜以极大之努力求美术之发展，所以二十年之内两头都是大战。1936年伦敦的中国艺术国际展览和1939年莫斯科的中国艺展览，两次都是应友邦之请而筹备的。当时读到种种的报道，居然使得友邦人士赞不绝口，宁非奇迹！至于有说英国国民对我们抗战的同情与援助，和那次展览会有很大的关系，这更无疑是笑话了。再看敌国日本，为什么抗战开始许多人写"日本必败论"呢？恐怕必须补充这个有力的证据，很简单，即是敌国提倡美术，尤崇拜中国的书画，是以非败不可了。1938年德国青年团一行访问东京，敌政府曾举行美术上多种活动，宣传东洋的高度文化，同时加上七十多岁的老画家横山大观，向德国广播，大叫其"东洋画的精神"，偷袭些中国绘画的理论，说什么"贯彻圣战者，独赖此耳"！今日想来，真应该欣幸那精神永远不会回来。

傅抱石 《倚杖观瀑图》

论人物画

人物画实为中国画绘画之渊源,盖古代制作,其取资人事,举世皆同。唐以前之画史,山水虽具发达之迹,尚未足方驾花鸟,畜类更无论矣。南宋以后,山水遂寖为盟主,遥遥数百年,唯明中叶仇实甫、末造陈老莲,略嗣绝响,几至泯灭,有心者怒焉忧之。窃唯此事厥有数难,中国画学之首重传神,实指人物,传神阿睹,颊上三毛,非徒以形写形一也。衣冠制度,载籍极缺,以李伯时、刘松年之精擅犹往往不免乖舛之感;然则届今日图古人,岂非措手二也。清初而还,画谱滋盛,扬波逐流,凝成僵石,游丝、钉头、蚯蚓、出水,食古未化,徒乱清思,藩篱日厚,超越无由三也。

吾友李可染先生,工山水之外,尤善人物,年来屡见其作,造

［明］仇英 《桃源仙境图》

［宋］刘松年 《博古图》

像之高,制度之确,笔墨之美,耳目为之一新,私心仰佩,莫可言宣。余恒谓:即此已足睥睨余子矣。至于清新朗润,不纯自区廓中求,更属可珍。兹展观近作于北平,北平为我国文化水准最高之城市,法藏之士亦为最多,苟谓余阿其所好,则君之画,吾敢请于碧空之下,试取而细读之也。

中国绘画之理解和欣赏

要对中国艺术,重要部门之一的绘画求一正确之认识,则先要确定中国艺术在世界文化史及艺术史上所处的地位和所起的作用。近日所见某西人所作世界艺术史中论及中国绘画,其观点不免有失之偏颇者,择其要义可类为三:

(一)以中国艺术乃东方艺术之一部,而整个东方艺术乃世界艺术活动之支流而非主潮;

(二)以中国只有古代美术而无现代美术;

(三)仅就中国美术与西方美术之影响立论,以为中国美术尽可给西方艺术以刺激之外在力量。窃谓具有此种任一偏见,吾人可断言其对世界文化史之认识未臻健全,自更难论中国绘画之理解和欣赏。

余以为,认识中国绘画主要之点有二:一曰以全世界全人类的文化眼光衡量之,二曰以中华民族本身的立场及中国绘画自身的观点理解之。何谓全世界全人类的文化眼光?简言之,即杂多之统一是也。全人类所居之地区不同,人种不同,生活习惯不同,艺术之创造亦不同。然正因此种种差异始得形成世界文化丰富之内容,和广博的部门,多样的特色。盖缺一不可。故一种艺术品之价值莫不在其民族性亦莫不在其世界性。舍民族性而言世界性则失之空洞;舍世界性而言民族性,则其本身非真具有民族性者。唯其是民族的才是世界的。吾人欲寻求一纯粹世界性之艺术品必不可得。反之,欲寻求一纯粹民族性之艺术品亦必失败。夫一良好之艺术品必为民族的而同时即亦具有国际的价值者也。中国绘画之工具内容皆与两方不同,此纯为一民族性的表现。但正因其不同,故中国艺术为世界艺术中重要不可缺之有机构成部分。何谓中华民族本身的立场及中国绘画自身的观点?简言之,即是社会经济生活对艺术之需要和影响。中华民族之历史悠久,具绘画之历史亦源远流长,未有中断。至今仍方兴未艾,且因人类文化之进步,日益给其他国家艺术以更有力之影响。故就中国绘画之发展言,其自身形成一部首尾一贯、条例分明之绘画传统。而自绘画发展之原因论:乃以全中华民

傅抱石 《探梅图》

族社会经济生活之需要为基础,内容亦直接或间接地反映中华民族之社会或经济生活。是以中国绘画必将随中华民族之本身成长而发扬光大,应无疑义。

中国绘画之起源乃自发的,与中华民族之形成同时出现。其发展和变迁自成一完整之源流和系统。而此系统并非孤立,乃全人类文化系统之一部分。中国绘画与西欧之绘画固有共同及其相异之处,但其同为人类文化活动最高之结晶则一也。

中国绘画和它采用的工具、材料有密切之关系,但如以中国绘画遭受工具材料之限制殆属大误,盖任何类之工具或材料皆其特长及其限度也。中国当晋唐之前,文化及科学之发展已达一极高之水准,并非不能采用或发明类似西欧油绘之绘具。其时之漆器、木器等油绘装饰可为旁证。中国绘画所以用毛笔、水墨等之基本原因,在于民族特性的表现和选取。在万千画家漫长的试验和经验中,中华民族发现了此种工具,最为全体人民所爱好且最足以表现民族之特性(其间抑或有一二例外,如宋徽宗画鸟,曾用漆点睛)。吾人不妨言之,中华民族存在一日,可断言中国绘画必不致臻于沦亡。

今请进而就中国绘画之内容及特色试加分析,绘画之本身乃是一视觉的或造型的艺术,故其中一切问题皆可从之入手。中国从

[宋] 赵佶 《桃鸠图》

晋以来便注意画的"神"和"气质",但此种目的还是要靠形方可传达出来。不过因此可知中国绘画之形不是目的,而是一种表现方法,故中国绘画开始以来即从未流于完全为形似而形似的摄影主义

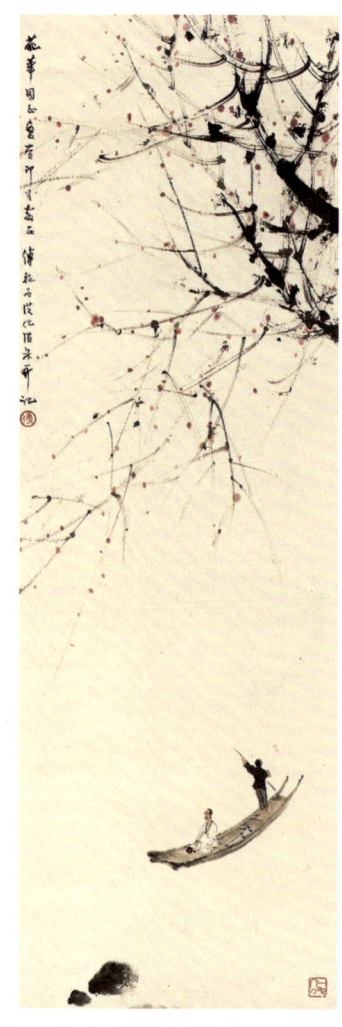

傅抱石 《春江泛舟图》

及自然主义。吾人所画之对象乃三度空间之实物，而所成之图画却只是一纸。故绘画本身即是了解为一种表现而非再现。在此一点上，中国绘画实开西欧二十世纪新兴画派之先河，且中国绘画之表现又不同于西欧之表现派，因中国绘画之所表现者和所选取之对象相关者小，而其主要之表现在于绘画的本身。分析之可得而言：

（一）形体方面，中国绘画对物之生气和变化注意精到，故在重量、深度方面间或不及。一般言之，中国绘画之形洗练而单纯，力避繁复及凝滞，因此文人画或写意画在中国绘画中极为重要。中华民族之平易天真的处世态度，中庸的见地和闲雅之风度，皆可由此领略一二；又中国绘画除以形象物外，对于形自身的美好及其在画面上所起的装饰作用也十分重视。

（二）色彩方面，淡远重于华丽，且有的纯用水墨，象征之意味极浓。晋唐时代固有用极华丽极浓重之色者，然仍以装饰之意味为重。

（三）构图方面，最足以见中国绘画之表现精神，甚极致者，人或以为不近情理。但如表现之目的圆满，则又何以拘于透视及比例之标准乎？故中国之山水，森林尽处突见极高之山，地平线处之远景亦可十分清晰，且中国绘画多为条幅式。人或以为不合双目之视图，但不知其别开生面处恰恰在此。

（四）笔墨方面，用笔（即线条）构成中国画最主要之表现方法，盖毛笔及水墨易得流畅之线条。中国绘画线条之美全在其本身负有双重意义，既可用之以衬托形体、其本身又极优美生动，亦自可察其高度之艺术性。且有时后者更重于前者。用墨则烟云变化，气象万千，墨和色完全结合。所得之结果较为圆浑厚重。中国绘画与西欧之水彩画最大之分野在此。

（五）因中国绘画重笔墨，故画上可落款题诗，并加盖印章——每一措置皆为画面之有机体。如此不仅不至于破坏画面之统一，且因印章书法本身乃中国艺术之重要部门，故三者更可相得益彰、互相衬托成一和谐完整之艺术品。

徐悲鸿 《双鹫》

（六）中国绘画与其以为是对实写生之结果则不如以之为画者主观精神之表现。故和画者本身之精神人品密切相关。以其为画者人格之代表亦未尝不可。征之画史，比比皆然。是以中国绘画之印象除画本身之效果外，更可感到作者的性格。

综上所述，可知中国绘画比之西欧注重表现者多于再现，且以绘画之本身为表现之目的，故更接近于纯粹之绘画。此皆中华民族之特性所使然也。中华民族向重人品及修养，忠厚勤劳，平易天真，发而为绘画，乃成为人类文化史上之奇葩。

中国现时代绘画不可否认地受了西欧绘画很大的影响，但其优良之传统仍保存不坠。本文所介举三家，不过以之代表一般成就及趋向而已：

（一）徐悲鸿先生：受西洋画熏陶甚深，故重视比例及透视，且所作线条坚实有力，颇足以表现对象之浑厚沉重，但又不凝滞，故画面仍富于生气及动作。

（二）张书旂先生：用色极华丽鲜艳，用笔秀劲有力，间或画背景及天空，而使画面成一完整之有机品。

（三）拙作：则力求奔放生动，使笔与墨融合，墨与色融合，而使画面有一种雄浑的意味及飞扬之气质，整个的感觉则仍是一种复杂而强烈的现代感觉。

张书旂 《孔雀图》

总之，中国绘画以意为主。面对一完善之中国画，如能神会其意，则一切工具及画法之不同皆可忘怀。因而深信其内容，其精神，虽与西欧之巨制不同，但同为人类文化成就最高且最完美之结晶，则并无二致。此予所欲一再申述者也。

元四家

元代画家中,以在野名流的表现尤其辉煌。人物山水花鸟兼长者有钱选,山水专长者有曹知白、吴镇、倪瓒、黄公望、王蒙、郭升。钱选,字舜举,和赵孟𫖯同乡,浙江吴兴人。吴兴有八俊之号,他是其中的一位,后来赵入元登仕,他即以书画终其身。至于吴镇、倪瓒、黄公望、王蒙诸家,尤不啻是元代的北斗。环拱这北斗的尚有许多光明的众星——专门画家及职业画家,如颜辉、张渥的人物,盛懋的人物山水,学高克恭的周如度,学米芾的朱璟、李良心,学王振鹏的朱玉,学李成的朱裕、李冲、陶铉、刘伯希,学马远、夏珪的孙君泽、陈君佐、丁野夫、张远、沈月溪、张观,及道士张雨和方从义。

自山水画看，这时完全是传统的发展，以北宋董源、李成，南宋马远、夏珪的影响为最巨，这或是时代较远流传较广的关系。而后世视为四大家的黄、王、倪、吴，上两位黄、王——是王世贞提出来隶属"刘、李、马、夏"之后的，即"大痴黄鹤又一变也"。近代中国山水画家最喜欢称道的古代作者，的确"大痴黄鹤"——特别大痴，是永远的宠儿。四家中，倪瓒是一位怪杰，同时又是中国绘画上令人难忘的灵魂。吴镇的山水竹石，虽好到无以复加，然视黄、王两位，还比较接近于倪。所以这四位画家的作品，也隐然的有两个不同的范畴。

大痴道人黄公望，他的父亲九十的高龄生他，说："特公望子久矣！"因名公望，字子久，号一峰，又号井西道人，浙江富阳人，宋咸淳五年（1269）生，至正十八年（1358）卒，年九十岁。他死后，剡源戴表元画他的像并题云：

身有百世之忧，家无担石之乐，盖其侠似燕赵剑客，其达似晋宋酒徒，至于风雨塞门，呻吟盘礴，欲援笔而著书，又将为齐鲁之学，此岂寻常画史也哉？

人固如此，他对于画的态度则例外谨严，主张模范当前的真山

[元] 钱选 《杨贵妃上马图》

水。他"皮袋中置描笔在内,或于好景处,见树有怪异,便当模写记之",这真是可以上接宗王的画法。在虞山的时候,纵观云烟朝暮,到了富春,又领略江山千里之概,因此画的风格有两种:一为浅绛,笔势雄伟,山头多矶石;一为水墨,意致简述,皴擦很少。据他的《写水诀》,宗法董源、李成两家,而最倾心董源。他认为,就绘画看,最难得的是一个"理"字,就作者看,则"画不过意思而已"。倪云林最初并不佩服他,但不久则"敛衽无间",可见他受了富春山水的启发,进度是很快的。

  他传世的巨迹，以《富春山居图》卷为最，《江山胜览图》次之，《三泖九峰图》又次之。《富春山居图》卷，明张丑《清河书画舫》以下，多有著录，长二丈，高一尺，纸本，是水墨的，此卷至明代入沈石田手，当时的名公，题咏殆遍。然又一度归董其昌与王维《雪江图》成画禅室的双璧。明末则归宜兴吴之矩，造成了一桩艺林佳话。

  明清两代的山水画，以他为轨范成家的，可谓不少。因此他的作品的流传，也是画家们一件最关心的事。当恽寿平把董其昌的话

[元] 黄公望 《富春山居图》

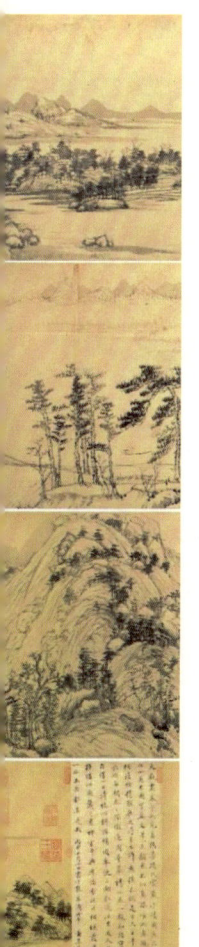

告诉王时敏"镇江张氏藏的《秋山图》,是一峰墨妙,在人间的第一杰作"的时候,王时敏立刻"攫然"。这《秋山图》的始末,《瓯香馆集》有详细的记载。

王蒙,号黄鹤山樵,初字叔铭,更字叔明,号香光居士,浙江吴兴人,元至大年中生,明洪武十八年(1385)卒于狱中。一仕于元,后天下将乱,乃退隐钱塘江上武林东北之黄鹤山,古树苍莽,幽涧不经,自号黄鹤山樵。他是赵孟頫的外甥(编者按:应为外孙),所以他的画,初期直接受舅氏的影响,眼界亦广,自隐黄鹤后,笔墨一变,《画史会要》说他师巨然僧,《艺苑卮言》又说他师王维,这都是臆词。他的画迹流传不少,虽然皴法不宗一家,而只须看那几株多姿的松树,沉雄浑厚而又毫端奔放一望而知非他不辨。倪云林曾题他的《岩居高士》云:

> 临池学书王右军,澄怀观道宗少文。王侯笔力能扛鼎,五百年来无此君。

就云林的一切,是绝不容吐出最后这二句的,可见他的笔墨之高超。他不用绢素,专在纸上挥写,因此秀润幽

[元] 王蒙 《葛稚川移居图》

深,愈益增加画面的气韵。至正二十五年(1365)三月,他去华亭访肺腑之交别沛海叟的袁凯,海叟藏有丈二尺高的高丽纸,纤白光明,爱若拱璧。他知道有此妙楮,画兴顿发,忙索纸为作满幅云山,顷刻而成。海叟见此佳作,举杯为贺,即题七古一篇,叙述当时之美。这诗有几句使我们可以窥察他作画的情形:

升堂饮茶礼未毕,索纸为画云山图。初为乱石势已大,橐驼连拳马牛卧。忽焉拔地高入天,欲堕不堕令人怕。其阳倒挂扶桑日,其阴积雪深千尺。日射阴崖雪欲消,百谷春涛怒相激。林下丈人心自闲,被服乃是商周间。问之不言唤不返,源花莫莫愁人颜。……

从他铺乱石起高峰直至愁颜的上古衣冠悠然林下,海叟不看的惊异,决写不出这诗来。像这样的经营,但后世许多书史家站在民族立场,对他都不无微词,说他是元四家内可议的一家。原因很简单,他曾在元做过卑官,加上是赵孟𫖯的外甥,赵是颇不见谅于后世的。实际他做泰安知州,是明代洪武初年的事,这时候他的好友陈惟元任济南经历,并合作过《岱宗密云图》,他在元代做官的时期,大约很短暂,预颜事仇,其心未尝一日有忘宋室,曾写《秦楼月》一幅,题《忆秦娥》云:

花如雪,东风夜扫苏堤月;苏堤月,香销南国,几回圆缺。钱塘江上潮声歇,江边杨柳谁攀折;谁攀折,西陵渡口,古今离别。

这词的意义很明显的。当张士诚、陈友谅起事四方,他索笔出游,有名的《秋山萧寺》即成于这个时期。读他自题七律两首,充满悲愤之绪,更可证明不是寻常的画家了。其一云:

独立风前认去鸿,阮生何用哭途穷?空江水急寒潮上,大野风来落日红。木叶乱飞萧帝寺,云情偏护楚王宫。酬恩千里怀孤剑,行李关河惨淡中。

处士倪瓒(1301—1374),字泰宇,江苏无锡人。这位在中国绘画上有特殊地位的怪杰,只看他的别号之多——有时还变姓名叫奚玄朗或玄暎——即不难推测一二。云林是最普遍的署名。他一生有多少迂怪的行为留在世人的记忆里,这便是称他"倪迂"的根据。很巧的,晋代的顾恺之也是无锡人,顾恺之的三绝之一有"痴",我想中国画家只有他的"迂"敢提出来并论,此外是决找不到第三人。在《云林遗事》里记载了一幅云林小像的布

[元] 倪瓒 《容膝斋图》

置,是写他的家居燕适之状。莫逆友的句曲外史张雨题了一赞:

产于荆蛮,寄于云林,青白其眼,金玉其音。十日画水,五日画石,而安排摘露。三步回头,五步坐而消磨寸阴。背漆园野马之尘埃。向姑射神人之冰雪。执玉弗挥,于以观其详雅,盥手不悦,曷足论其盛洁。意匠摩诘,神父海岳,逑生傲睨,玩世谐谑,人将比之爱佩紫罗囊之谢安,吾独以为超出金门之方朔也。

真好似云林活现,他本来富有,筑清闷阁,以藏法书名画钟鼎尊彝。又筑云林堂,以延接各方的胜流名士。因此,足不出户,

[明]赵元 《倪瓒写照》

即有大名。生平有洁癖,洁到洗梧桐,但事母最孝,曾经为母亲的病,而忍痛出白马到苏州请平常最厌恶的医生。至正初年,一天忽作素衣之诗,意欲和张雨的赠章,于是把田产卖却,分给故旧,恰巧这时张雨来访他,遂怆然惜别,把所剩的又送给张雨,自己留了一点。从此,扁舟挈家出游五湖三泖之间者三十年。他所停留的地方,即是他变换别号的场所,这时候元朝灭已数年,在洪武七年又或到乡里住在亲戚的邹家。邹家是他少年时住过的,谁知即在这一年他以七十四岁的高龄游去。

他是诗、书、画三绝的天才。在画面上的风格,真应该是"前无古人,后无来者"。不独在元四家中,在整个中国画史也难再见。因为他的人品、学问、天才,件件皆不可多得,并发在他的笔下的,只是"天真",只是"古淡",没有丝毫烟火气。因为他,画评家特别在"神""妙""能"三品之外的"逸"品上热闹地聚讼过。有的说"逸"品应在三品之上,系他的画,简直有不许旁人瞻望之概;但有的说"逸"品的画是士夫游戏之作,缺少技巧,应置于三品之下。王世贞以"极简雅"称他,并说:"似嫩而苍。宋人易摹,元人难摹,元人犹可学,独元镇不可学也。"

他是非常恨求画者之恶俗的,曾说:

[元] 倪瓒 《溪山图》

仆之所谓画者，不过逸笔草草，不求形似，聊以自娱耳。近迂游来城邑，索画者必欲依彼所指授，又欲应时而得，鄙辱怒骂，无所不有。冤矣乎，讵可责寺人以不髯也？

他的山水极可着色，人物亦不易见，明初元杰题他的《溪山图》说"不言世上无人物，眼底无人欲画谁"这两句，若说是他自己写的，也是非常贴切的。

我们不必寻绎他的系统，像朱谋垔、董其昌似的说他学董源，他有自己的面目，而这面目代表着后世通称的"文人画"的最高境。假使就他的画去研究他的书，那是不啻抱着半磅葡萄酒去研究葡萄酒的。

梅花道人吴镇，字仲圭，号梅道人。别号梅沙弥、梅花道人、梅花

[元] 吴镇 《渔父图》

庵主,浙江嘉兴魏塘镇人。元至元十七年(1280)生,至正十四年(1354)卒,年七十五岁。自营生圹置短碣,题曰:"梅花道人之墓。"后约一世纪,沈石田来谒此墓,题云:

梅花空有塔,千载莫欺人。草证罨光妙,山遗北苑神。断碑犹卧雨,古橡未回春。欲致先生奠,秋塘老白蘋。

石田是他最诚恳的信徒,模仿他的作品也最多,《峦容川色图》即用他的画法写金华山水,自跋中这样的说过:

事以山水为难。南唐时,董伯苑独能之诚士夫家之最,后嗣其法者,僧巨然而已。迨元朝乃有吴仲圭,非惟超逸一代,几远绍巨然。之三人者,布意立趣,高简清旷之妙,虽互有优劣,要之巨然之于北苑,犹仲圭之于巨然也。

他是位高人,诗、书、画都能够达到齐一的境地,他的山水,无论大小繁简,在"笔""墨"之外,还特别有光,全幅如此,一山一石一树一本亦莫不如此。石田把他系上巨然而溯董源,这意见虽不从石田说起,而应以石田说起,而应以石田的话为最彻底的。明代陆树声曾称他的画"笔意豪宕,有王景略见桓征南的气象"。大约不是指山水画,因他山水画外,最精墨竹,在委巷里的"梅花庵",栽上几竿竹子,笑着说:"有竹的地方,人是不俗的。"一天读到苏东坡"大俗不可医"的诗,立即和上一首:

我有渊明琴,长年在空屋。客来问宫商,胡庐扣轸足。幸俗不可医,那使积习熟?我懒正欲眠,清风动修竹。

他的画山水和墨竹的意识发展是不同的。前者纯正地守着应该守的传统,一毫不苟,可谓出自"艺";后者则假豪宕的挥写,抒发性灵,可谓出自"人"?下面几首题画的诗,便代表了这不同的形态。

闻有风轮持世界,可无笔力走山川?峦容尽作飞来势,大室居然掷大千。

图画书之绪,毫素寄所适。垂垂岁月久,残断争宝惜。始由笔研成,渐次忘笔墨。心手两相忘,融化同造物。……

我爱晚风清,新篁动清节。号号空洞手,抱此岁寒叶。相对两忘言,只可自怡悦。惜我鄙吝才,幽闲养其拙。野服支扶筇,时来台上屐。夕阳欲下山,林间已新月。

中国绘画到了上述的四家,有几点极为重要的痕迹:(一)伴着南宋之亡而勃起的民族意识,在当前"意""志"的发泄下,加重了民族性的成分,云林所说的"余之画不过逸笔草草,聊以写胸中逸气耳",这是痕迹之一;另一痕迹(二)则是接近"为艺术而艺术"借绘画以陶冶性情,大痴所说的"画不过意思而已"。虽不一定是指的这点,而"寄乐于画",董其昌也曾认为"自黄子久始

［元］吴镇 《洞庭渔隐图》

开此门庭"。基于这种演变,加上他们的重修养工词翰,遂在画面上完成了另一面目的样式。"色的褪淡",使他们的材料的"纸"为主;胸中的富有使题跋成为画面上极不可缺少的有机部分。

山水画可谓完成于元四家,山水画的形式也决定于元四家。同时也开始了中国绘画的沉淀,从此而后,百分之九十的画家便只在"样式"和"技巧"兜圈子。这即是石涛和尚所哀叹的"师古而不师古人之心之迹"。大痴、黄鹤、云林、梅花的芳名自明到今天,你知道是如何的被搬排着吗?

散锋开花妙笔生

我怎样画《蝶恋花》

过去我喜欢读诗,也喜欢画诗,但是我不会作诗。正因为不会作而又喜欢画,所以不论古代的或现代的我都爱读,读而偶有体会,就把它画将出来,作为一种锻炼自己的手段,要求并不很高的。

大约1950—1951年这两年我独自摸索过毛主席的名篇《长征》(七律)和《沁园春·雪》,特别是后者,不知画过多少次,可以说是一"纸"无成,自己也看不过意。就在这段时期,开始认识到我的思想水平实在太低,业务也很成问题,加上对生活体会不够深入,对原作的精神意境——主题的中心思想——只能有破碎的、肤浅的体会。而这样体会往往又是从形象、字眼兜圈子,不能和整个的中心思想取得有机的结合和发展。这样，即使画面上勉强成图，也无非是肤浅的形象描写。严格地说，对原作是容易造成曲解的。

自毛主席新作《蝶恋花》的游仙（赠李淑一）发表后，我自然很快就不自量力地跃跃欲试。实在，那时候我对"蝶恋花"的理解，还谈不上一知半解，只是自以为要是画得出来也算我创作生活中一件最大的幸事。但通过不断反复讽诵，思索和经营，这种热望又渐渐地冷下来了。这是去年春天的事。

去年七月一日出版的《红旗》杂志（第三期），发表了郭老的《浪漫主义和现实主义》。读了这篇文章，使我不但对"蝶恋花"的伟大意义有了进一步的体会，还使我从"革命的现实主义和革命的浪漫主义的典型的结合"这一重要意义重新来瞻对伟大领袖的诗词，特别是新作《蝶恋花》。郭老说："这词的主题不是单纯的怀旧，而是在宣扬革命。"（《红旗》1958年第三期，第3页）

这一句话，启发并指导着我从单纯纪念忠魂的经营转移到从伟大的中国共产党和毛主席领导的人民革命事业的胜利的高度，试着画面的设计。在这儿，主要的初步解决了"忽报人间曾伏虎，泪飞顿作倾盆雨"。尤其前一句形象。

原来我曾经考虑"忽报人间曾伏虎"的字面形象，画只死老虎，代表反动政权及一切反动派，也可以代表三大敌人——三座山。继而也考虑过就画三座大山代表死老虎,把它位置在画面的下部,上部是两位烈士(忠魂)在"月宫"里接受吴刚嫦娥的宴舞,然后,通幅下着"倾盆"的大"雨"。

左图:傅抱石 《蝶恋花·答李淑一》词意图 1958年7月作
右图:傅抱石 《蝶恋花·答李淑一》词意图 1958年11月作

这样画过几张，感觉到有两个比较严重的问题。首先，两位烈士的忠魂一出场，不管"天空"也好，"川官"也好，"天地竹"（这两个字可能不很适切）是被限制"死"了。吴刚敬酒，嫦娥起舞，都和烈士呼应着，这已是一个完整的"天地竹"。那么"倾盆雨"也只可表明外边在下"雨"，并不能和"旧"发生联系。其次，"死老虎"和"三座山"的形象处理，它们本身并不能够说明是"反动政权和一切反动派"或是"三大敌人"，必须借助文字说明，倘若加上文字标签，又类似漫画了。

在中国民族绘画的主要构成形式上，一幅画的下部是重要的组成部分，我认为这是祖国绘画优秀的传统形式之一，非重视不可的。郭老上面的一句话，基本上我被导引着把雄伟起伏的山岳，红旗招展，气象万千地来体现中国人民革命的伟大胜利，来说明反动政权及一切反动派的彻底崩溃，中华人民共和国成立了，六亿人民翻了身，做了国家的主人翁。主席的"山下旌旗在望"（《西江月·井冈山》）；"风展红旗如画"（《如梦令·元旦》）；"旄头漫卷西风"（《清平乐·六盘山》），都是革命胜利的预言和卓见，也是一幅最新最美的画面。因此，当时我对画面下部的处理，是比较放心的。

然而上部——两位烈士（忠魂）和吴刚、嫦娥——和下部还存在很大的困难。如上面所说到的，它们已自成一"天地"，和下部的关系，不是怎样具有极其自然的呼应。尽管大"雨"可以把两者在形式上接上头，但究竟是形式的而不足思想内容的有机的联系。当然，在这个关键上，毫无疑问要涉及我的业务水平问题，即：我如何处理并刻画两位忠魂和吴刚、嫦娥的思想面貌和精神状态的问题。有把握画得好，可能和下部的关系会不同些，这点，我深深相信。可是我搞来搞去都感觉不行，既不行，就得另找出路了。

所谓不行，不是别的。不是人物的形象刻画，而是人物的思想活动和相互关系。诚然，两位忠魂和吴刚嫦娥是应该有呼应而且应该有较紧凑的关系的。假使突出了这一关键（实在不能不突出它）而又企图它们（它们已经在相互活动着）联系到下部，无论如何，我认为都可能造成牵强，很不自然。

这段时间，我非常苦闷。大概已是七月中旬了，参加"社会主义国家造型艺术展览会"的创作将要交白卷，怎么办？古人说的"情急智生"这句话，也许有它的道理吧，我还是从主席的原作"杨柳轻扬直上重霄九"的词意里找到了初步解决问题的办法。把"柳叶"代表"忠魂"，（两位烈士不出场）在我讲，是突破了最后的这一道关。这样，通幅便可能比较有机而和谐地统一起来。对原作来说，好似"以管窥豹"才开始找到了极其肤浅极其表面的一斑。

傅抱石 《游春》

我记得这一夜,简直高兴得不得了。接着用一张乾隆纸正式来进行创作。我当时比较清醒地注意到了两点。即是柳叶代表了忠魂,吴刚和嫦娥都要有崇敬、沉痛的表情,而最后又归之于快乐。换句话说,吴刚、嫦娥的人物刻画,要达到一定深度,这是第一点。第二,主席原作的主题,根底还是为纪念两位烈士。如此,画面的整个气氛,就应避免繁文缛节,特别是作为画面主要形象的嫦娥,我多次说,切莫画成"月里嫦娥牌擦面牙粉"的商标,也应该不同于有关嫦娥的一般作品。因为,我这画面的嫦娥,是具有特定意义并赋有特殊性格的。造型艺术的绘画,应有它的特征。国画似乎还要不同一些。

我正式完成的一幅是最近参加"江苏中国画展览会"在北京展出的一幅,这是第一幅。这幅在去年七月、八月间还参加了南京的两次稿本观摩。第一次观摩,尚未画完大雨只是小雨,在后一次观摩会上,省文联领导同志对这幅指出了一点极其重要的缺点。认为按照主席原词的经营,基本上是比较完整地实现了。他说:(大意)主席这首词虽是革命的现实主义和革命的浪漫主义典范的结合,而全词的归宿仍在革命的胜利的现实,即归结到"忽报人间曾伏虎,泪飞顿作倾盆雨"。可是画面上看来"天上"(浪漫)的气氛太浓,"地上"(现实)的分量不足。

这句话，使我憬然。原来我的思想深处，就是追求"天上"（虽然也照顾到地面），并且还形式主义地有意识地缩小下部（山岳、红旗），使它不致影响嫦娥（和吴刚）。经这一提出，我完全接受。在比较忙乱中，争取完成了另一幅［即第二幅，参加"社展"的。见《中国画》1989年第一期（总四期）］。把下部的山势扩展了，红旗加多了，因而整个的气氛，就不再是"天上"（浪漫）为主而是"地上"（现实）为主了。我深深体会到领导同志的关怀和指导，对于每一件创作的决定意义。

自拙作《蝶恋花》公开以来，承各方面热情的关怀和鼓励，提出了不少宝贵的重要的意见。首先让我在此深致谢忱。在许多宝贵的意见中，主要的接触到下面的四个问题。

第一，是"泪飞顿作倾盆雨"的"下雨"的问题。有的同志认为既是"泪"顿作"雨"，那么就不应该通幅下着"雨"，最好把"雨"下在人物的"眼部"（即嫦娥的眼睛）以下，"红旗"以上；最好下部还有阳光，表示革命胜利后的"天气朗清"而不是阴霾密布似的倾盆"大雨"。有的同志认为主席原词是浪漫主义的手法，现实中的"泪"是不可能化作"雨"的。还是不画"泪"的好。"忠魂"吴刚、嫦娥，都应该流着"泪"，"落泪如麻"，不就有"雨"的感觉嘛。

傅抱石 《蝶恋花·答李淑一》词意图　1958年8月作

其次是烈士（忠魂）出场不出场的问题。有的同志认为主席原作既是为纪念忠魂而写，那么两位烈士是作品的主人，画面上不能不画他们。并且不画烈士，吴刚敬酒、嫦娥起舞，都会没有对象而形成落空，整个画面就显得单调贫乏了。还有的同志认为拙作以"杨柳轻扬"象征忠魂的"直上重霄"，虽于原词有据，然而一般读者并不会作如此想，若画上杨、柳二位烈士的形象，就一望而知了。

再次是吴刚、嫦娥出场不出场的问题。有的同志认为画主席的诗词不要死抠字眼，也不要陷在已经指出了的圈子里面（如主席的《送瘟神二首》主题是指的血吸虫病而又不仅指血吸虫病），画家应该深入、反复地去研究它的主题思想。因此，《蝶恋花》上的吴刚和嫦娥两个"人物"就不一定要出场了。

最后是画面整个的意境和气氛，能不能在一定程度上体现主席原词精神的问题，无疑这是一个极其重要的具有根本性质的问题。有的同志认为主席此作虽是为纪念忠魂，但洋溢着革命的雄伟气派和乐观情绪，如郭老所说的"不是单纯的怀旧，而是在宣扬革命"。从这一重要的角度出发，拙作画面整个的意境和气氛，就显得很不够，没有把原作伟大的气魄体现出来。

此外还有些别的意见。如最好画上个大月亮，可以增加气氛；或者，不画"月宫"（一角也好），怎知道女是嫦娥男是吴刚？乃至吴刚应该不应该有胡子,等等。

  上面这些意见,我都将进一步好好地研究、考虑,并且一定结合到创作实践去。我深深认识到:就以《蝶恋花》而论,也仅仅是作为我对伟大领袖毛主席诗词学习的第一步。今年是伟大的开国十周年,我已经把为主席全部(或大部分)诗词作插图作为今年的光荣任务,争取在有关领导的指导之下,在同志们的帮助之下,突破过去的水平,向国庆献祝。

谈山水画创作

从中国绘画近两千年的历史来看,历代都有山水画名家出现。如果从他们的画迹题材来分析,可以归纳成两类画家。一类是专门拟写古人笔意,追求笔笔宋元,崇尚古意,提出"作画贵有古意,若无古意,虽工无益"的论点,如元代赵孟頫、清代四王。另一类画家是以师法自然为主,崇尚以自然为师,走写生的道路,提出"外师造化,中得心源"(唐·张璪语)、"搜妙创真"(五代·荆浩语)、"搜尽奇峰打草稿"(清·石涛语)的主张。这一富于现实主义精神的优秀传统,推动了山水画的发展。但在具体朝代的历史时期中,这一类画家不一定是主流,有时还是孤立的少数派。坚持这正确主张，需有艰苦奋斗的勇气。今天，"师法自然"这一观点不论在理论上还是实践上，当然都已不成问题。上次，我曾举过荆浩的例子，今天仍从荆浩谈起吧！荆浩隐居在太行山洪谷，那里有大片古松林，数十棵大小古松树，形态各异，"因惊其异，遍而赏之。明日携笔复就写之，凡数万本，方如其真"（荆浩：《笔法记》）。这段记录，说明荆浩的写生态度是很严肃的。他十分刻苦勤奋，竟画了上万幅画稿，才自以为把古松树的"真容"表现出来。这种态度很值得我们学习。能否有这种严肃认真、刻苦求进的精神，是创作取得成绩的先决条件。荆浩提出"搜妙创真"的主张，与石涛所说的"搜尽奇峰打草稿"极为相似。荆浩在《笔法记》中解释"真"说："似者得其形，遗其气。真者，气质俱盛。"这当是山水画创作的基本要求吧！

　　山水画创作有时是如何在写生画稿的基础上加工提高的技术问题。我们从某地写生回来，画了很多写生稿，首先要从写生稿中挑选在意境、表现技法上都较成熟的一幅为基础。有时成熟的写生稿，本身就是创作稿。这得由你写生过程中，对主题、意境的领会深浅而定。如果构思成熟、意境表达已经充分，那么只需在形式笔墨上提炼加工就行了。构思不成熟，得面临意境深化的问题。一般的写生稿，多半是具体场景的记录，只达到荆浩所指的"似"。

[五代] 荆浩 《匡庐图》

进一步就得在"似"的基础上,升华到"真"。它的先决条件,当是画家炽热的激情。情深意切是创作的灵魂,其次才是笔墨技巧。

在东北,我在镜泊湖住了十几天,完成了十几幅画稿,内心总有一种非画不可的感觉。有一天,安排我们去看著名的镜泊湖瀑布。我喜欢瀑布,瀑布也是我山水画创作中的偏爱。一听说去看瀑布,我心里十分激动。大约下午三时光景,在汽车上先听到瀑布水流的响声,到达后看到了气势磅礴的镜泊湖瀑布的雄姿。金色的太阳正射在瀑布上面,银花四溅,汹涌澎湃犹如万匹白练凌空泻下,真是心为之悸,目为之眩。我目不暇接,手不停挥,一连画好几幅写生草图。第二天,我用一整天时间,完成《镜泊飞泉》的创作。这一幅用竖构图,飞泉从上而下,以"飞"的泻势,取强烈的动感,构成李白诗句"飞

傅抱石 《镜泊飞泉》

流直下三千尺"的意境。这便是我看到镜泊湖瀑布的第一感受。激动的情思,必须通过笔墨倾泻在纸上。于是,我用粗犷的笔墨,表达飞瀑的动势。——瀑布下泻的动势,是无法用精雕细刻笔法描绘的;只有粗犷地用笔,才能表达水流的动感。后来,我又用横构图画了一幅,以表现镜泊湖的全景。瀑布只占画面三分之一,重点放在瀑布四周山岩的描写上。以重墨的山岩来烘托瀑布的水势,点缀以小人,反衬出瀑布的气势,同样取得较好的艺术效果。

山水画创作,可以把许多内容相同的写生稿挂起来,仔细比较,选择自以为美的景物,集中后重新构图,将数图的优点融合在一起加以提高,使之成为新的景观。我的《井冈山》一画,中景山岗取之于一幅写生稿,近景杉木林取之另一稿。我将两幅的优点自然结合在一幅画面中,表现出井冈山特有山景的情趣。当然,有时选用三四幅写生稿,同样是可以的,但应根据主题内容构思的需要而定。

另一种方法,是在写生画稿的基础上,从意境、笔墨技巧、章法构图上加以充实、提高,使之成为一幅完美的山水画。意境的酝酿是最重要的。面对一幅画稿,我都要认真思索,从季节的春夏秋冬、从时间的早晨或晚间去选择,常是很重要的。某年秋天,我在南京玄武湖画了一幅写生稿,但我认为画成春景更能加深意境。

于是，我强化了柳树的春意，创作成《初春》。我在东北写生时正是夏天，长白山的积雪已消融，原始森林充满一派葱茏生机，但为了表现东北的特征，便画成一幅冬景，这就是我创作的《林海雪原》。除了季节、时间特征以外，气象条件也是山水画构思时考虑的因素。天气的变化，晴雨雪雾往往可以美化自然景物，增加画面的情趣。晴天可以使自然景物清朗明快，烟笼雾锁可以使自然景物朦胧空灵。我曾画过一幅《初夏之雾》的山水小品，原来只是一幅四川金刚坡普通山景写生，笔墨平淡，后来，我从强调季节气象特点着眼，加强笔墨浓淡对比，增加墨色层次，取得了苍茫幽深的艺术效果。至于雨景，那是我常喜欢画的。在四川生活时，我对雨景有特别感受。从我住处金刚坡去沙坪坝的山路上，有一处大竹林，平时走路经过觉得平淡无奇，并不入画，可是有一次途中遇雨，在山径上看那一片竹林，真是美极了。我顾不得雨淋湿身，站在林旁观察了很久。满怀创作的激情，我回到家中立即动笔创作，这就是很为大家赞赏的《万竿烟雨》。许多朋友喜欢我的雨景，美学专家宗白华先生曾说："风风雨雨也是造成间隔化的好条件，一片烟水迷离的景象是诗境，是画意。"确实，山水画中的云雾烟雨的处理，是完全合乎美学原理的。

六法中有"经营位置"一法，山水画创作时必须要加以考虑。

傅抱石 《万竿烟雨》

"经营位置"就是"章法",或叫"构图"。创作过程中,构思、构图是不能分割的。一定的构思内容,必须有相适应的构图来体现。特别重要的一点是,中国画的构图有它本身的特点。章法贵求异,求变化,避免雷同。竖幅、横幅、长形、方形,多种形式可以在创作时尝试,从而选择与构思内容相适应的形式。

与章法密切相关的是透视问题。中国画有一套独特的表现空间关系的方法。这是山水画创作必须重视的一个问题。在写生画稿中,最容易出现的大毛病是以焦点透视的方法来写生。这对山、水、树、石等自然物,问题还不大,一旦遇到建筑物就容易出毛病。许多人写生建筑物时是根据焦点透视的规律来画的,其实中国画的透视不是焦点透视,也不是所谓的散点透视,而是"以大观小"之法。画家应站在一个理想空间全面地去观察景物,并根据需要移动位置变化观察角度,以取其全貌。中国画是有独特的空间认识和空间表现的,有必要注意的是,我们应以中国画所特有的透视方法去处理画面中的空间感问题。

构思、构图都已成熟,接着就是表现技法问题,即笔墨功夫问题。每位画家都有自己的习惯和擅长的一种技巧,应力求既成技巧的发展。为达此目的,我们应该不惜牺牲其他一切来丰富自己的笔墨功夫。因为,画一树一石要做到纯熟而有自己的风格,绝非偶然

傅抱石 《峨眉纪游图》

可得，必须历尽艰辛方能运用自如。熟能生巧，靠勤奋得来。因此，一幅成熟的画稿，要不止一遍地去画、去写，直到笔墨表现满意为止。技法要靠一点一滴地积累，才能趋于完善。勤于实践，敢于实践；充实头脑中的库存，丰富胸中丘壑，都是一个山水画家所必备的条件。

另外，大家可能都会遇到"眼高手低"的问题。写生过程中，看到美丽的风景，但是"手"无力描绘出来。创作过程中，想象中美的景观，手却画不出来，或表现得很不充分，达不到理想的要求。这样，眼睛与手产生不调和的矛盾，痛苦极了。我认为，这是学习过程中必然会出现的矛盾，属于正常现象。然而，分析见到的客观景物，何者是美，何者是丑，需靠眼睛去搜索，靠思维去分析，还会受画家本身文化素养、审美情趣的制约。美的东西触动了感情，想把它表现出来，这就是创作激情——创作激情是我们赖以搞好创作的契机。对眼前的景物无动于衷，恐怕是很难画好作品的！手的动作存在一个熟练或不熟练的问题。手的熟练程度是靠技法训练和不断实践取得的。熟练的手，一下子就可以把眼睛所见的"美"表现出来；不熟练的手，画来画去，始终不能完成"大脑的指令"。我们从事创作活动，不断地到风景优美的佳山胜水去写生、游览，目的就是要提高我们的审美情趣和手的表现技巧。手的技巧靠不断的实践和训练来提高，审美情趣的提高则靠画家的自我修养和文化素质来充实。这一点是非常重要的，古人说的"读万卷书，行万里路"就是这个道理。所以，我以为，"眼高手低"是正常的，并不可怕，怕的是"眼低手不高，自我欣赏，无知狂妄"。陈师曾先生说："中国画家成功的因素，第一是人品，第二是学问，第三是才情，第四是思想。具此四因素，乃能完善艺事。"我十分赞成他的论点。所以，提高山水画创作水平，不仅仅只是提高技巧问题，画家本身的素养看来更为重要。

总的说来，艺术创作是通过客观景物描写来表现内在的精神，即用可以描写的东西表达出不可以描写的精神内涵。山水画创作，就是要做到化景物为情思。景物是客观存在，是实；情思是画家主观精神的东西,是虚。虚实结合的过程,就是艺术创造的过程。艺术应是一种创造,要把主观的意念,表现在客观景物描写的笔墨之中。画家所创造的境界,尽管取之自然,但通过笔墨表现出来的山、水、树、石,无一不是画家加以美化了的,那就构成新的艺术境界、美的境界。把一种感人的美,以笔墨表现出来,是山水画创作必须要做到的。

谈山水画写生

中国山水画的写生有它自己的特点，有别于西洋画中的风景写生，中国山水画写生，不仅重视客观景物的选择和描写，更重视主观思维对景物的认识和反映，强调作者的思想感情的作用。在整个山水画写生过程中，必须贯彻情景交融的要求。作者通过对景物的描写来反映自己的思想感情，首先要选择写生的景物。合于自己的兴味才能触景生情。如果在自己丝毫不感兴趣的地方写生，即使花很大力气也是不会取得好的效果的。勉强画成，只是干巴巴的如实描写，与中国山水画的写生要求相差甚远，那是没有意义的。

中国山水画写生要按"游""悟""记""写"四个步骤进行。

游

　　每到一个地方写生,千万不要看到一处风景很动人,马上就坐下来画,把看到的风景如实地搬上画面,这不是中国山水画写生的方法。首先必须"游"。对中国山水画家来说,"游",就是深入细致地去观察。一座山,你山上山下,山前山后跑遍了,从高处、低处不同角度观察它的形象,分析它的特征,对它做全面的了解,你作画时才真正心中有数。我到长白山写生,长白山很大,方圆数十里,上下近千公尺,不可能一下子全都观察到。最先看到的是长白山腰间的长白瀑布。瀑布的水由长白山顶著名的"长白天池"大量溢出,两山相峙的溢口,急流如万马奔腾,其声如雷,气势极为雄伟。长白山瀑布与天池分不开,必须登山顶观看,才能尽览。天池四面环山,像一块碧玉装饰在群山之中,由于山顶高寒,不长树木,雾气迷漫,很有一点神秘的色彩。山的中下部是针叶林,长白山林海是在山的下部。瀑布下面有一段很长的乱石湍泉,曲曲弯弯流向远方,这便是松花江的源头。游遍长白山的上上下下以后,对它有了比较全面的了解,便有助于掌握长白山瀑布独特的面貌。它与天台山的石梁瀑、庐山的三叠泉、贵州的黄果树瀑布都不相同。写生时,我采用"取上舍下"的办法,突出了长白山瀑布从天而降

傅抱石 《天池飞瀑》

的气势。这就是我的《天池飞瀑》写生创作稿的构思过程。

又例如去华山写生。由于体力不行,我只能上到青柯坪。最能代表华山特点的北峰西峰虽没有去游,但我在山下、山腰对华山全貌做了细致的观察,从华山特有的雄姿联想到了祖国辽阔壮丽的河山。正是这种对祖国河山的眷念之情,使我有了《待细把江山图画》这幅作品的构思。画面正中所画的就是西峰的巍峨雄姿。

傅抱石 《待细把江山图画》

抗日战争八年乡居生活体会就更多了。我住在重庆歌乐山金刚坡下，那里四面环山，林木蕉竹，葱葱茏茏。当时我在沙坪坝中央大学艺术系任教，前山下坡去学校的山路，每星期要步行往返两趟，来回十余里。虽是山间崎岖小道，但沿途景色美丽多姿。附近的山林也都游遍，做过细致的观察。宋代郭熙在《林泉高致》中对观察山景的体会写得十分透彻：

山近看如此，远数里看又如此，远十数里看又如此，每远每异，所谓山形步步移也。山正面如此，侧面又如此，背面又如此，每看每异，所谓山形面面看也。如此，是一山而兼数十百山之形状，可得不悉乎！山春夏看如此，秋冬看又如此，所谓四时之景不同也。山朝看如此，暮看又如此，阴晴看又如此，所谓朝暮之变态不同也。如此，是一山而兼数十百山之意态，可得不究乎！

山景随着时间、季节、晴、雨等各种变化而变化，有着不同的韵味。特别值得注意的是晴天和下雨的变化。晴天是山青、水明、树重、云轻，一览无余，层次清晰；而下雨则不同，所有景象朦朦胧胧，雨丝中山色树影时隐时显，在模糊中见到极微妙的变化，本身就是绝妙的水墨画。我的《万竿烟雨》就是在山路遇雨，竹林躲

傅抱石 《春江骤雨图》

雨时被奇妙的景色所感染而画成。这"偶有一得"是画家感觉的偶然触发,这"一得"却是无数次"游"中所得到的收获。

概括地说,深入生活进行山水画写生,重在"深入"二字。要深入观察,深入了解,要在生活中激发作画的热情。

悟

悟就是要深入思考分析、概括提炼,使客观景物酝酿成意境。这才叫"胸中丘壑"。"游"只解决对景物的全面了解,尚停留在感性的认识。进一步则必须深入思考、分析,在掌握表现对象的特征之后,要去伪存真,由表及里,深思熟虑地去构思,去立意。"意在笔先"就是这个意思。意境根植在"游"的基础,也就是说,意境是从生活中酝酿而成的。

"悟"是客观景物反映到主观意念上,重新组织成艺术形象的重要过程。经过艺术加工的景物,应该比原来的景物更集中,更美。早在南北朝,南朝宋人宗炳就提出"身所盘桓,目所绸缪""应目会心""万趣融其神思"的主张。唐代画家张璪又提出"外师造化,中得心源"的著名论点。山水画主要是抒写山水之神情。这"神情"出之于作者主观的思想感情,是作者受到大自然风

傅抱石 《巴山夜雨》

景的启发，用笔墨抒发出自己内心的感受。山水写生中的"悟"是走向"中得心源"的必要过程。但是在山水画写生过程中，"悟"往往被人忽略，把客观景物如实地搬上画面，或仅仅做简单的构图上的剪裁，章法上的安排，这对山水画家来说是很不够的，缺乏隽永的意境，缺乏感人的魅力，只能是风景说明图。南北朝的王微在《叙画》中就指出："古人之作画也，非以案城域，辨方州，标镇阜，划浸流。"石涛有一首题画诗："天地氤氲秀结，四时朝暮垂垂，透过鸿蒙之理，堪留百代之奇。"他很强调画家的精神表现，强调画家"意在笔先"。画的意境是画家精神领域的开拓，是从最深的"心源"与"造化"接触时，逐渐产生的一种领悟，再以笔墨形式表现出来，微妙地把作者的感受传达给观者。

艺术家从现实生活出发，经过"妙悟"使现实传神到新的艺术意境。这种心灵上的传播，应该是画家最高的追求；这种意境上的开拓，出自画家的思想感情，应是有所感才能反映出来。这与画家的艺术素养、思想境界密切相关，单纯靠笔墨技法是不够的。

艺术意境的酝酿是使客观景物与主观情思相关、相沟通。大自然的山川草木，云烟明晦，可以表现画家心中的情思起伏蓬勃无尽的创作灵感。恽南田题画云："写此云山绵邈，代致相思，笔端丝粉，皆清泪也。"董其昌说："诗以山川为境，山川亦以诗为

傅抱石 《石涛上人像》

［清］恽南田 《秋山雨过图》

境。"唐代王维则以"诗中有画,画中有诗"著称。我们常常在许多名诗佳句中得到山水画意境的启发。

我画《秋风吹下红雨来》就是从石涛的诗句中获得启发而作。再以《黄河清》的创作为例。我到三门峡写生,首先被水利工程的宏伟场景所激动。巨大的拦河坝、泄洪闸、电厂、沸腾的工地、欢乐的人群,可以画的东西很多,但怎样画才更有意境?"意"应该立在哪里?这是最重要的问题。在反复思考的过程中,一句民谣启发了我:"黄河清,圣人出。"黄河的"黄"和"清"是一对矛盾,三门峡水利枢纽工程的修建,目的就是根治黄河,化水患为水利,解决"黄"和"清"的矛盾。我决定从"清"字上立意进行写生。这个酝酿过程便是"悟"。

当然作为一个画家,要画成较满意的写生稿并非容易事。去东北写生,先后在温泉、天池、小天池、长白瀑布许多地方画了不少画稿,但长白山的大森林却无法去表现。为了画东北大森林,在密密的树林中驱车行进数小时,见不到天空,看不到边缘,公路总是在森林中穿来穿去。我确实见到了东北特有的大森林,但如何去表现才能区别于其他地方的大森林呢?一天,在长白山自然保护区入口检查哨停留,那儿有一座近百公尺高的专供保卫人员用的防火瞭望塔。"欲穷千里目,更上一层楼",我奋力登上塔顶,望四周,

傅抱石 《林海雪原》

探求多日的"林海"一下子清晰地展现在我的眼前，远处雄伟的长白山耸立在苍茫无际的林海之上，十分壮观。"林海雪原！"我几乎惊喜得叫出声来。这不正是我寻找多日的画稿吗！我终于"悟"到了更高的意境，完成了《林海雪原》的创作构思。

"悟"就是把对客观景物的感性认识，更集中地提高到理性认识。在极其繁杂的景物现场，该画什么，该舍弃什么，该强调什么，该突出什么，诸多难题在"悟"的过程中都可以迎刃而解了。

记

记包括两层意思。一是记录（笔记）。二是记忆（心记）。

每到一处山水胜景，必然有很多景物使你感到新鲜，激起创作的热情。在完成"游"和"悟"之后，需要进行必要的记录。速写其形象，可以用铅笔、钢笔勾写，最好能用毛笔以水墨形式描绘，当根据具体情况而定。如果结构复杂，某些重要部分还要重点加以结构上的记录和特写。这种速写不求形式上完整，而求详细记录，特别对于工程建筑物，必须结构清楚，透视正确，每次外出写生，这方面的工作量是很大的。

这种收集素材的速写，特别要记录具有特征的景物，使写生画稿能够充分表现出地方特征。例如树木是极普通的景物，但各地地理条件不同，树木形象同样会有地方特征，速写时不能忽视这一点。富春江一带的杨梅树，树叶常青而浓黑，树干盘曲多姿，呈淡赭色。我当年去富春江画画，勾了不少杨梅树的稿子，这种姿态优美、枝叶繁茂的常青树与富春江的山明水秀相映衬，极富江南水乡特色，十分入画。又如乌桕树，在浙江农村水田间多插种这种油料树种，每到秋天，乌桕树叶变成红色，平原上一片秋色，是其他地方所不易见到的美景。黄山松树，浓黑而粗壮，虬枝千姿百态，气势雄壮，它是黄山所特有，画黄山而不画松树便失去了黄山的特征。山，对山水画来说是最普遍的描写对象，但各地的山都不相同，正如宋代郭熙所论述：

嵩山多好溪，华山多好峰，衡山多好别岫，常山多好列岫，泰山多好主峰。天台、武夷、庐霍、雁荡、岷峨、巫峡、天坛、王屋、林虑、武当皆天下名山巨镇，天地宝藏所出，仙圣窟宅所隐，奇崛神秀，莫可穷其要妙。欲夺其造化，则莫神于好，莫精于勤，莫大于饱游饫看，历历罗列于胸中。

一代名家经验之谈极为精辟。"华山多好峰"确实是这样，

傅抱石 《布拉格宫》草稿

散锋开花妙笔生 139

傅抱石 《布拉格宫》

140　没有审美，世界都与你无关

傅抱石 《富春晓色》

它挺拔而又雄伟,而黄山的峰峦则更为秀美多姿。对于各种山峰的特点,仔细加以观察才能得其精神。我们必须用笔记录,但更需要用心记之。因为最详尽的记录也难得其精神成为自己的"胸中丘壑"。我们要做到得心应手。提笔即可画出,落墨即可显出其特征。郭熙又曾描述:"春山淡冶而如笑,夏山苍翠而如滴,秋山明净而如妆,冬山惨淡而如睡。"我们如果在写生过程中能像他那样善于掌握山峦在四季中的变化,当更能深化山水画的意境。

在速写记录时,由于场面大,幅面宽,包括的内容多,可以采用分别记录的方法。但必须注意的是整理时一定要注意数稿间透视关系的一致性,不允许将几幅透视角度完全不同的建筑物硬拼凑在一起。在不少山水画写生稿中往往发现山、树是俯视的,也就是说,作者是从上面向下画的,透视的视点较高;而所画山中的亭子却是仰视的,作者又是从下向上画的。亭子是点景的建筑物,如果山、树都是俯视的,亭子必须是俯视的,或者用平视的透视关系去处理,这样就不会有一种危亭欲倒的不舒服感觉,影响画面的空间表现和意境的刻画。宋代沈括说:

李成画山上亭馆及楼塔之类,皆仰画飞檐,其说以为自下望上,如人平地望屋檐间见其榱桷。此论非也。大都山水之法,盖以

傅抱石 《西岳雄姿》

大观小，如人观假山耳。若同真山之法，以下望上，只合见一重山，岂可重重悉见？兼不应见其溪谷间事。又如屋舍，亦不应见其中庭及后巷中事。若人在东立，则山西便合是远景；人在西立，则山东却合是远景。似此如何成画？李君盖不知以大观小之法，其间

折高、折远,自有妙理,岂在掀屋角也!(宋·沈括《梦溪笔谈》卷十七)

早在11世纪,我国对山水画的空间表现已经有一套较完整的理论了。又如郭熙在《林泉高致》中谈到空间表现的"三远法"时说：

> 山有三远，自山下而仰山巅，谓之高远。自山前而窥山后，谓之深远。自近山而望远山，谓之平远。

他将一般山水画中空间表现的几个方面都说到了。用现代几何透视原理去分析郭熙的空间概念也是极为正确的。"三远法"就是透视学中所说的仰视、平视和俯视。对现在学画者来说，这是极普通的常识；但早在11世纪，我国的画家就提出了这样的理论是很了不起的。

中国山水画空间的创造有中国自己独特的方法，当在其他课题中阐述。我们在记录速写时，只要求不忽视透视的因素，要在一张画面上保持其透视关系的一致性。通常情况下，速写水坝、高层建筑和复杂的建筑群，处理透视关系时尽量避免运用成角透视，在平行线处理时应避免用消失点。因为中国山水画的空间表现，常着重宇宙大空间的表现，一座房屋或一群建筑物，所占空间极有限，在画面上常不做计较。当画里上、中、下都有建筑物时，常以主要建筑物为主，其空间背景保持透视变化的一致性，其他次要建筑物的透视变化与建筑物保持一致性，或者画面的上、中、下建筑物都同

傅抱石 《林泉高逸》

时统一用平视的方法去处理，不能用焦点透视消失在一个消失点上的方法去处理。

山水画要有时代气息，根据内容需要，往往加些点景人物、房屋或其他建筑设施。这在山水画中是极为重要的课题，不能忽视，更不容随便添加，若处理不好，往往会破坏画面气氛。在"记"的过程中要认真考虑点景的人或物的安排，在画稿中标明。应特别注意的有以下几点。

点景人物可以小喻大，产生习惯比例上的作用。因为人物、屋宇等人们日常所见景物的大小，一座山前点景人物的大小在概念中已有习惯的比例感，会影响山的高低，所以用点景人物来烘托山的气势是很有效的。点景人物（包括建筑物）适宜放在构图的前中景，并要考虑前后空间关系，主次关系。如果画面中同时出现几个点景人物，则要考虑他们之间的比例关系。要避免过分夸张点景人物与背景的大小对比而产生失真的感觉。例如漓江的山峰都不十分高大，点景人物对比不宜过分夸张，否则便会失去漓江山峰俊秀的特色。

点景人物一般要起画龙点睛的作用，宜以一当十，不能烦琐。点景人物的画法要与画面其他景物的表现方法一致。如用工笔画的点景人物出现在写意的山水画中便不恰当。李可染先生的点景人物是绝妙的，值得学习。

从学习中国山水画的角度看，到真山真水中去体察自然的风貌是极为重要的课题。古代画家要求"行万里路"是很有道理的。在大自然中，除用笔去记录外，还有重要的一点是仔细地观察、体会山山水水的精神风貌并记录在心。因为用笔只能记其形而不能画其神。我提倡用"目观心记"的方法，要多观察，细思考，勤动手。现场写生落墨帮助记忆，但一个有成就的中国山水画家，必须心藏千山万水，把写生过的山山水水逐渐变成"胸中丘壑"，并要不断深入生活，不断补充新的营养，丰富自己的"胸中丘壑"。"丘壑成于胸中，即寤发之于笔墨"。这便是写生时"记"的要求。

写

　　以上所讲"游""悟""记",都是写的准备过程。一般说来,前面三个过程准备充分,"写"起来就会得心应手。"写"是把自己感受到的蕴藏在自然界中的优美情趣,用笔墨反映出来,表现出来。明代王安道在"华山图序"中写道:"由是存乎静室,存乎行路,存乎床枕,存乎饮食,存乎外物,存乎听音,存乎应接之隙,存乎文章之中……"王安道画华山是把华山景物放到整个精神生活里面去,经过不断揣摩,反复洗练,执笔时,"但知法在华山,竟不知平日之所谓家数者何在"。他用全部身心去完成有名的华山写生作品《华山图》,是值得我们借鉴的。

　　"写"的关键是充分表现"意境"。古代画家最为普遍的经验是"意在笔先"。看来是"老生常谈",但却是极重要的经验。"写"是形式,是技法,即所谓"笔"。"写"是反映"意",但"意"和"笔"不容分割,二者应该高度的统一,既要求有新意,又要求出妙笔,笔意相发才能画出满意的作品来。

　　今天的画家谁不一管在手,挥洒自如呢!我的意思是:当画家们深入到生活里,面对着日新月异、气象万千的现实生活时,能够无动于衷没有丝毫的感受?不会,这是绝对不会的。我认为画家的这种激动和感受就是画家对现实生活所表示的热情和态度，也是画家赖以创作，大做文章，大显身手的无限契机。我们知道，每一个人的素养、兴趣、爱好乃至笔墨基础都是不相同的，所以每个人对现实生活的感受和评价也各有差别，正因为这样，才能充分发挥每个人的特长和每个人的创造力。

绘画是造型艺术的一种，它依靠形象的艺术加工，因此艺术技巧的重要性是不待言的。但技法不是固定不变的，它适应时代的发展而不断发展，如果认为只要掌握了传统笔墨技法便可走遍天下随意作画，那就错了。画黄山用此法，画华山亦用此法，千篇一律，满纸是技法的堆砌，这样的技法，再高明也没有什么意义，那只是僵死的程式。我极力提倡向民族优秀传统学习，继承和发展我国优秀民族传统，继承是为了发展。我反对孤立地、机械地搬用传统技法的套路，把活生生的现实生活画成古板、死气沉沉的。我们要通过深入生活，到真山真水中去体察、感受，通过新的生活感受，力求在原有的笔墨基础之上，大胆创新，适应新时代内容发展的需要。应当在不断的写生活动中求得进步，求得发展。"笔墨当随时代"是"写"这一环节最重要的一点。

山水画的表现技法主要有以下几方面。

树法

树法是山水画家最基础的技法之一。宋代郭熙在《林泉高致》中说,"山以草木为毛发""得草木而华""无林木则不生"(生:生气、生动之意也)。可见画好树木对整幅山水画是极关重要的。

傅抱石 《长白林海》

树法可分两个方面。一是树干的画法。自然界树木的枝干千姿百态,非常生动。我们平时可以收集各种树木的生动形态,这是师法自然的重要课题之一。画时有轻重二法。轻法以双钩树干、大枝的方法表现树木姿态的变化,常用在丛林、树木繁茂处,衬以浓墨点叶,极富自然情趣,并能加强空间感。重法即以重墨笔没骨画出枝干的各种变化,常用在画幅的近景或山峰深谷中,树丛中,用以增加林木重量的感觉。有时二法合用,以增加树木形态的变化。《芥子园画传》中对树叶的画法分析比较详尽,可以说是古代名家在实践中所创造的表现树叶的各种方法的归纳,值得我们参考。但自明清以来,山水画中临摹之风极盛,一味沿袭古人的树法,逐渐失去了原有的生气。现在仍有一些写生作品沿用古人的勾叶方法,给人的感觉比较陈旧,所以在山水画写生时很值得研究树木的画法,特别是树叶的画法必须创新,要从用笔用墨的角度去探索,去实践。

早在青年时代,我自学山水时就开始思考这个问题,在实践中我摸索出用破笔点去点树叶,点叶时要注意树木的外形特征和树木在画幅构图中的轻重。古人画树是先画树干,再画树枝,然后点叶。我在写生时有时是先点叶再穿枝立干。点叶不必拘泥某些局部的小变化而要抓住大的气势和墨色轻重变化,既要有墨色的韵律节奏，又要充分体现出树木本身的空间感觉。这虽不容易做到，但在不断的写生实践中是可以取得好效果的。这种写生实践是我们山水画创作不可少的一步，缺少了这一步，山水画创作就很难取得"气韵生动"了。

皴法

这是山水画写生中画山石必须掌握的技法。历代山水画家创造的各种皴法都是在"师造化"过程中逐渐累积起来的技法经验，是民族绘画中极宝贵的传统之一，值得珍视和学习。郭熙在《林泉高致》中说："真山水之川谷，远望之以取其势，近看之以取其质。"这是我们在写生画山时最要重视的一点。画山用皴法，必须针对你所画山的外形和结构特征，不要拘泥于是用荷叶皴抑或是披麻皴，而应从如何用笔墨去充分表现山的势和质上面多做考虑。郭熙说："盖画山，高者、下者、大者、小者，盎晬向背，颠顶朝拱，其体浑然相应，则山之美意足矣。"这就是说，皴法应从全幅画面去考虑推敲，不要拘泥于一山一石的画法。皴法是用以表现山峦结构、石纹变化的，它与山石的地质结构密切相关。我曾翻译过日本高岛北海所著《写山要法》（一九五七年上海人民美术出版社出版），他在书中把中国山水画中的皴法与地质学结合起来加以阐述，值得我们学习、参考。

傅抱石 《华岳千寻》

我作画所用皴法是多年在四川山岳写生过程中逐渐形成的。我着重表现山岳的变化多姿，林木繁茂而又可见山骨嶙峋的地质特征。当然皴法还应与"点""染"结合起来，才能取得画面完美的效果。皴法的用笔要自然，顺笔成章，切忌堆砌做作，死板地勾斫。用墨要注意墨色的韵律、变化，要虚实相生而成天趣。皴法的处理必须注意山石的自然情趣和笔墨效果。

点法

山水画技法中常忽略点法。某些古代画论中有把"点苔"作为对皴法败笔的掩盖，这是极为错误的说法。实际上"点法"在山水画中对笔墨的处理至关重要。

所谓"点法"是指山水画中点叶、点苔、点树、点山、点石等

［宋］米芾 《翠微深处图》

等，它可以调节墨色浓淡，控制画面墨色效果，同时又是表现画面气氛必不可失的技法之一。

凡是古代着重画面气氛的画家都非常重视"点法"的运用。宋代米芾父子的米家山水的点法在笔墨技法方面创造性地发展到极为重要的地步。他们用"点"来充分显示江南朦胧多云的山水变化，依靠"点"的墨色变化达到水墨淋漓的效果。元代王蒙善于用"点"，他的作品写景稠密，善用浓墨点统调全画气韵，充分表现出林峦郁茂苍茫的气氛。石涛极为重视点法在写生中的运用。他在题画诗中对点法有这样一段极为精辟的阐述：

古人写树叶苔色，有深墨浓墨，成分字、个字、一字、品字、么字，以至攒三聚五，梧叶、松叶、柏叶、柳叶等，垂头斜头诸叶，而形容树木山色，风神态度。吾则不然。点有雨雪风晴，四时得宜；点有反正阴阳衬贴；点有夹水夹墨，一气混杂；点有含苞藻丝，璎珞连牵；点有空空阔阔，干燥没味；点有有墨无墨，飞白如烟；点有如胶似漆，邋遢透明。点更有雨点，未肯向学人道破，有没天没地，当头劈面点；有千岩万壑，明净无一点。噫！法无定相，气概成章耳！

散锋开花妙笔生 155

傅抱石 《春风杨柳万千条》

可见"点法"在山水技法中占有何其重要的地位!

染法

在过去的山水技法中,染法不被重视。复古画派十分注意笔墨技法的历史渊源和师法继承,只强调勾斫法、皴法、讲究笔笔要有来历,因此只重视笔墨本身的艺术性和技法功力而忽视笔墨技法所表现山水景物的神韵气势,山水画所表现的内容更被忽视。笔笔来自宋元就是最高标准。

我们的主张则不同,技法是为内容服务的,技法是为了充分表现内容。山水画要表现出自然风景的神情风貌,给人以美的享受。我们要用感情作画,而不能单靠技法。为了充分表现自然景物的四季变化,晴雨风貌的神韵,应该强调染法的运用。风雪的不同特点,都有赖于多层次的渲染去体现。一幅画我常常渲染十数遍,目的就是强化画面气氛和意境。

散锋开花妙笔生 157

傅抱石 《韶山》

作为一幅完美的山水写生画,"写"的过程技法要求很多,不能一一详尽阐述。如果在"游""悟""记"三个方面准备工作充分,"写"时当不会有多大困难。当然从技法角度考虑,那是无止境的,需要我们去不断追求、提高。

作为山水写生画,可以当场对景写生,也可以在现场勾稿子,回到住处加工完成。为了外出写生方便,画稿不宜太大,一般四尺宣纸六开便行了。最重要的是必须在印象清晰、感受最深时立即将画稿落墨写成,不要只用钢笔勾小稿子,收集厚厚一本回到家里再加工。

我们首先是用感情画画,因为失去了当初在景色中丰富的感情是画不出好画来的。这一点对于初事山水写生的人来说,是特别值得重视的。

东北写生杂忆

一

今年六月,我因创作任务得到一次去东北旅行的机会。先后访问、游览了长春、吉林、延边朝鲜族自治州、长白山、哈尔滨、镜泊湖、沈阳、旅大①等地。九月底返回北京,为期近四个月。回来以后,深深感谢同志们的关怀和鼓励,把我带回的几十幅不成熟的素材性的东西,作为工作汇报在南京展出,真是既光荣又惭愧,感到很大的不安。

---

① 旅大:旅大行署区,是中华人民共和国旧行政区划名,现辽宁省大连市。

一路上，匆匆忙忙画了百来幅画，观摩、座谈约十来次。不少同志问我："这些画是怎样画成的？""现场画的？""回到旅馆画的？""画稿勾得仔细吗？""有没有色彩稿子？""先画浓的还是先画淡的？""先用墨还是先敷色？""勾稿子用什么样的笔？""'雨'是怎样'下'的？"等等有关笔墨、技法的问题。

我初步的、浅薄的体会是，这些全不成问题。各人随自己的方便行事就行。据我所知，有的人喜欢并强调现场写生，有的人就不习惯；有的人画底稿特别仔细，有的人就画得粗糙些，有的就像"张天师的符"，只有自己明白。譬如我自己，显然是属于后一类。我从来没有在现场画过，我的稿子很少完整的，有时比"张天师的符"还要草率，要是日子稍久，连我自己也莫名其妙。

那么，问题在哪儿呢？我想起了古人说过"意在笔先"的一句话。我认为这句话对画山水的人具有特别重要的意义。不知道对不对？这句话对我的影响比较深，我也喜欢到处谈谈。什么是"意在笔先"呢？就是先要立"意"——首先考虑的是应该画什么，什么主题，内容是什么，把主题内容初步地确定下来，然后动"笔"，才去考虑形式、技法——怎样去画它的问题。一幅画从立"意"到动"笔"的全部过程里面，对画家说来，应该相当鲜明地经过两个——酝酿和制作的阶段。很大程度上它们的主次是相当分明的，

散锋开花妙笔生 161

傅抱石 《秋江放棹图》

先后是不容颠倒的。但必须注意,"意"和"笔"又是不容分割的完整体,是两者的高度统一。既具新"意",又出以妙"笔","笔""意"相发,才有可能画出满意的作品来。

所谓应该画什么,绝不是说有什么规定,有哪些题目。今天的画家们,谁不一管在手,挥洒自如的呢?我的意思是:当画家们深入到生活里面,面对着今天日新又新、气象万千的现实生活,能够无动于衷、没有丝毫的感受?不能,这是绝对不会的,也是不合常情的。我认为,画家的这种激动和感受,就是画家对现实生活所表示的热情和态度,对现实生活的评价。另一面也是画家赖以创作,赖以大做"文章",大显身手的无限契机。我们知道,每一个人的素养、兴趣、爱好乃至笔墨基础都是不同的,所以每个人对现实生活的感受和评价也各有差别,正因为这样,才能充分发挥每个人的擅长和每个人的创造力。

至于怎样去画它,乃是指的从现实生活中在酝酿、确定了主题内容之后,所考虑采取的形式、风格、技法的问题。也就是艺术处理的过程。这个过程,从一幅作品的样式构成来看,仿佛它是独立的、完整的一个处理过程。若是正确地予以理解,那么它不过仅仅是构成作品的一个重要组成部分。因为它是从属并决定于主题、内容的需要和与之相适应的。绘画究竟是造型艺术的一种,它之所以成为绘画，就是依靠通过形象的艺术加工，其重要性是不待言的。古人为了画一株松树，尚不惜在深山幽谷之中往来多少年。很显然，笔墨不高，还谈什么艺术呢？但是，它必须从生活出发，从主题内容的要求出发。仅仅认为只要掌握了传统的笔墨技巧便走遍天下，画什么也有办法，果真有此人的话，我想此公的笔墨，也就不容易提高的了。

上面接触到的，是我近年来在外面跑跑所感到的点滴体会，是极不成熟的。为了更好地就教于同志们，故意借这次东北之行的某些画稿，扼要地谈谈制作当时的一些情况。

二

先谈谈长白山吧。长白山是祖国东北的名山之一，海拔二千七百四十四米。最高处有驰名世界的"天池"，稍下有瀑布，瀑布之雄伟，远在一二百里外就可以清楚地看见。它又是"东北抗联"的主要根据地。我永远不会忘记，在高约二千二百米的"冰场"附近，一棵苍老的松树表皮上，留下当时抗日英雄金银松刻的"抗联从此过，子孙不断头"的革命豪语。

我们一行二十多人在六月十三日从延边出发，当晚宿旧安图县城。这一天，只感到越走山势越高，还没有看到连绵不断的林区，也没有看到长白山。第二天就不同了,出发不久即进入了林区。过了"二道白河",汽车在浓荫蔽天的森林中连跑几个小时,"真是走不完的'松树胡同'"(同行画家史怡公老先生语。他是老北京,因北京有"松树胡同");下午五六时,才到距"天池"十公里的冰场歇下来。大家虽经受了整天的劳顿,却精神振奋,情绪饱满。准备明天攀登过去所不敢梦想的长白山巅,一览"天池""林海"之胜。可是,据陪我们同游的安图县委林业部长联系,山上昨天还下了一次雪。

第二天,天气好得很,霭霭朝暾,闪烁着霞光万道,大家兴奋极了,肯定可以上"天池"了。冰场距"天池"虽不过短短的十公里,却费了近两个小时。这天的天气实在好,据说一年之中难得有这样的几天。刚走了不久,只见两边山上的白桦树,屈曲夭矫,奇态横生,远远望去,好像盆景展览一般。原来这是高山气候变化的关系。再走几里,又突然一根草也看不到了。而脚底下铺满了云锦般的嫩黄色的杜鹃花和一些不知名的小花,又软又厚。大家说这张"地毯"太舒服,太美丽了。将近"天池"的时候,满地积雪,间着大大小小的石块。主人解释着,这些石块,是火山爆发的岩浆凝结而成,每一块全是蜂窝似的小洞,可以说是玲珑剔透,但拿在手上,又好像纸糊的那么轻。为了难得的纪念,大家带了不少回来。

傅抱石 《长白山再见》

谁知，当天夜里，天气突然变了，风雨交加，还杂着雪似的。第二天怎么办呢，不能出去做任何活动，只有穿着皮大衣坐在房间里烘火、谈话、下棋，同时，更担心下不了山。

我们后来知道，上"天池"那天正是端午节的前一天。而端午节，却是大家穿着厚羊皮大衣围着火炉子过的。记得头一天将要接近"天池"的时候，青壮年同志兴奋地在积雪上乱跑，古人"振衣千仞岗"的诗句，到这儿也觉得并不稀奇了。呈现在我们面前的是雄壮、奇特而又嶙嶙峋峋的"天池"和无边无际郁郁苍苍、浩浩瀚瀚的"林海"。同志们禁不住高呼："祖国真伟大呀！""富饶美丽的东北呀！"于是作画的作画，摄影的摄影。

游长白山确不容易，能到"天池"更不容易。对我来讲，真是"兹游奇绝冠平生"。饮水思源，不是中华人民共和国成立后的今天，能有如此的幸福吗？我从这天开始，老是琢磨着"长白山！""天池！""林海！"……的问题，也就是我应该画什么的问题。很肯定，"长白山"我是要画的，"天池""林海"，我也是要画的。

怎样画呢？"不识庐山真面目，只缘身在此山中"，"长白山"是不以峰峦取胜的。雄浑阔大，山顶积雪，的确气象非凡。主山以外，尽是一望无际的林海。孤立地来突出它，我觉得应该考虑。因为山的起伏不大，曲折不多，加上寸草不生，除了白的积雪，无非是黝黑的石块，恐怕画出来画面易流于干枯，流于琐碎。"天池"原是个火山口，若处理不当，则又画成一个"破脸盆"。我曾经画了好几次以"天池"为主的画面，为了避免画面上摆个完整的"椭圆形",画过左一半,也画过右一半,全部失败了。不但表现不出"天池"的气概,反而连长白山的雄浑也被大大削弱了。但是我还不死心,回到长春,把我的愿望请教吉林省委到过长白山的同志,得到不少的帮助与鼓励,经过不断商量讨论,思想上明确了许多问题。为了及时征求同志们的意见,决定用长卷形式(纸张比例大约一比七)来尝试经营。"天池"位置在偏左方较高的地方,满山积雪,作为主峰;顺势经"气象站"向右下倾,作次峰一二,以资拱卫,在位置上渐渐接近全画的右边,同时,也就渐渐露出森林的顶部,将到靠边处,紧紧地和整个山峰背后的苍翠的"林海"相接。这样,"林海"既环抱着"长白山",而"长白山"又突出了"天池"。大家觉得,这幅画,长白山的气势是有一点点了。历时五天,这就是《天池林海》(图卷)那一幅。此外,还先后画了《天池飞瀑》、《呵!长白山》、《白山林海》、《长白山冰场》、《长白山再见》(因在京制版未能展出)、《白山温泉》、《林海雪原》等等。

三

"镜泊湖"的那一段创作生活,也是令人难忘的。湖在黑龙

傅抱石 《呵!长白山》

散锋开花妙笔生　169

江省牡丹江市宁安县（旧宁古塔）境，作不规则的狭长形，南北有一二百里，屈曲盘回，中多小岛，也是东北抗联的根据地。这儿接待客人，虽还是近一两年的事，但有些地区已经建设得可观了。我一到哈尔滨，主人就介绍，不几日前，陈叔通先生等几位去游过一次，并写下了不少的好诗。可想它的风景之胜了。叔老有一首诗是这样的四句：

抱水皆山水抱山，置身如在翠屏间。
莫忘此乐从何得，游击当年历百艰。

镜泊湖从前也是个火山口，形势曲折，水平如镜，好似群山抱着一块透明的碧玉；又好似碧玉盘中摆着大小苍翠的宝石。叔老第一二句，道出了镜泊湖湖山之美。这美丽的湖山之中，流传着许多美丽动人的传说故事，也流传着许多惊心动魄、惊天动地的游击时期抗敌斗争的故事，"莫忘此乐从何得"，又是大家心里的话了。

它和洞庭、鄱阳、太湖、西湖都不同。远看看，有些地方疑是江南，而江南无此雄壮；某些山峰很像四川成都一带，而它们下面却又衬托着清澄碧绿的湖水。时而林业局的汽艇上下往来，所过之处，静静的湖面上闪着一道道的白光。时间正是关内大热天的七月

傅抱石 《水电站进水口》

中旬，而这里早晚却非穿毛衫不可，难怪同志们个个都说："我们做了神仙了。"

  我游过一次湖，游过一次"飞泉"。镜泊湖的自然景色之美，对一个喜欢画山水的人来说,是寤寐求之的。我在那里完成了十来幅小画,目的是试图通过美丽湖山的描写来反映今天新的面貌。如有关生产的《运木场》和《水产养殖场》;有关建设的《水电站进水口》和《在建设中》;有关生活的《镜泊夏日》《镜泊一角》等等。当然这样来画都是个人的主观企图,效果如何,还有待广大读者的鉴定。

这几幅小品,基本上是得自真山水的,但又不是如实地把真山水搬上画面。一般说,或隐或现,或成或败,我都动了几下手的。所以这样干,无非想尝试尝试、练习练习怎样把兀然不动的"山"和流转不已的"水",变作我的"代言人",或者说我是它的"代言人"。如《水电站进水口》的那一幅,因为游湖的时候,距离较远,画得并不仔细。左下角那只小汽艇当时是没有的。然而有了它,我觉得既不是"空山无人",而且工业化的气息也有了一点。又如《镜泊湖在建设中》的一幅,这是半截大型建筑物,静静地躺在明秀的山水之间。通过主人的介绍,那是一所未完成的疗养所。现在我把它画成工程正在进行的情景,看来忙得不得了。谁说这不是即将到来的"镜头"呢?

《镜泊飞泉》画过两幅,这是第一幅,是游了"飞泉"以后两三天完成的。我们去游的那天,正是雨后初晴,又是下午三点多钟,金色的阳光,正对着"飞泉",澎湃雄壮,银花四溅,恍如雷霆万钧之势地冲岩而下。通过一段峡谷,水面开阔了许多,形成了深潭。潭边尽是石块,不少同志或坐或立,目送手挥,沉浸在那汹涌咆哮滚滚流入牡丹江的水声中。我则站在中间黝黑苔石之上,左右看看。实际是:向左,只看到上面的瀑布,看不到右边下面的深潭;向右,看到大部分的深潭,却又看不到主要的瀑布。我分别记录几个草稿。回到住处,怎么办呢?分别画,很自然的是两个画面(瀑布和深潭),稍加剪裁,便可拿出来见人。可是对于"镜泊飞泉"这样的主题来要求,分开来可能不是最好的办法。于是经营了两张稿子,一是横幅(一比二点五),把我当时所能看到的构为一图,"飞泉"仍是一幅之主。我以为这样处理或者比较完整些。一是直幅,把"飞泉"位置上半部,中隔崖壁,把瀑布转个弯从崖壁下面,注入下部的深潭。可惜因时间关系,直幅这张,始终未曾着笔。

四

其次,想谈谈关于煤都(抚顺)、钢都(鞍山)和海滨(旅大)的几幅作品。

煤都画了两幅,即《煤都壮观》和《煤都一瞥》;钢都只有《绿满钢都》一幅。我全不满意。特别是钢都,还有待今后付出更多的劳动,更多的体验来提高它。但是从酝酿制作的过程回顾一下,煤都和钢都都是我此行费心血最多、伤脑筋最深的两个题材。有的同志说:"吃力不讨好的事,少碰些。"有的同志说:"不入画的东西,是画不好的。"

抚顺我只去了一天,自然谈不上什么生活的体会,连感性认识也是极不完整的。我是仅凭那雄伟的西露天煤矿给我的震动,结合

傅抱石 《煤都一瞥》

现场的一些草图来进行构思,进行创作的。现在我还清楚地记得,党委书记告诉我:这个矿的发展经过,"大跃进"以来每年不断增长的生产数字,一天能出多少煤,有多少工人,范围多宽……如数家珍地边走边讲,边讲边指,忽然指着对面一层层正在开采的煤层对我说:"您看,这颜色多美呀!"我禁不住心里一怔!心想,这位书记同志实在不愧为一位高明的画家。谁都知道煤炭的颜色黑黝黝的,几十万人的露天矿,真是黑烟弥漫,尘土飞扬,而在我们党委书记的眼里会觉得它是美的。我能不画吗?所以一回到沈阳,就动它的心思了。最初是技法上有困难,墨已是黑的,用墨去画煤炭,好像很方便,实则大大不然。由于我没有丝毫经验,暗地里糟掉了不少的纸头。就是《煤都壮观》这一幅,中间也动摇了几次,实在画不下去。可是我一想到"您看,这颜色多美呀!"这句话,我又摸起笔来,坚持画完了它。虽然,这几幅,我始终不满意。

大连是我访问东北的最后一个城市。由于一路上羁延过久,预定只停留几天,看看市容,看看博物馆,便取海道绕崂山再经青岛回北京的。感谢主人的盛意,结果住了二十三天。

大连是我国一座美丽的滨海城市。我大部分时间住在棒槌岛(现名东山村),从我住的房间内,就可以一览无余地看到络绎不绝的进出大连港的世界各国的商船。对我这个和"海"没有多大因

傅抱石 《煤都壮观》

缘的人,一切都是新鲜的。八月下旬,还是游泳的好季节,可是我,只打湿过一次脚,下水没有超过十厘米,引起了同志们的大笑。

"海水无风时,波涛安悠悠"(白居易:《题海图屏风》),问题在于我这个没有"海"的生活的人,怎样去画海和海边的生活呢?而且天气好的风平浪静日子居多,我就更没有办法了。回忆一

下,约三十年前坐过几次海船,几年前,到过黑海之滨的"康士坦查",碰上罗马尼亚海军节,画过几张海景。而这次一到大连,大连的老虎滩、星海公园……旅顺的许多胜景都足以令人不断描写的。

在老虎滩,我采取了渔港的那一角(公园和疗养院也自可画),并且把它放置在傍晚的时分,一天的劳动,大家都归来了。

傅抱石 《老虎滩渔港》

在星海公园那天,正遇着旅大市教育工会组织的教师休养活动。老年、青年的老师们,携着爱人、小孩,来这儿度过幸福的休假。我画上所点缀的人物,可能不清楚,而我的灵感是从他们那儿来的。

有关旅顺海港的几幅,可以说是我的新尝试。非常可能在某些具体的东西上面,弄错了或者画错了。希望指出来将来可以纠正。

五

最后,还想提一下《将到延边》和《丰满道上》(因在京制版未能展出)这两幅小画。

这两幅都是捕捉旅途中刹那间的印象酝酿而成的。当我从吉林市乘火车去延边时,记得是六月十一日凌晨三时左右,天已有点亮了,我起来刚推开房门,只见霞光灿烂,满天满地一片红光,近处有几位朝鲜族妇女出来在水田边汲水。太动人了!原来这里多种水稻,由于季节较迟,绝大部分还没有插秧,所以天上的红霞把田里的水也照红了。我问列车员同志:"这是什么地方?""将

傅抱石 《将到延边》

傅抱石 《丰满道上》

到延边了!"这印象深深感动了我,但画起来确有不少的顾虑。首先,满纸鲜红,怎样处理呢?特别是我这个过去极少用红色、不太会用红色的人,思想上一直摇摇摆摆,没有决心下手。可是那强烈的动人的形象我又忘怀不了。于是暗地里试试,在延边,在长春,都失败过几次。就是展出的这幅,我也到处请教,很不放心。

《丰满道上》则是构图上的尝试问题,也是我不放心的一幅。还是在去延边之前的六月四日,我去参观丰满水电站,听了有关工人同志在解放时英勇机智地和敌人进行斗争的介绍,又游了风景宜人的松花湖。大约下午四时左右,我们一行在归途中汽车驰过水坝蜿蜒下坡的时候,我坐在驾驶员右边,向前(下)一看,山势起伏,风景绝胜,前面(小山岗上)和右边点缀了几座新型的建筑物;平坦的公路,曲曲折折地向前(下)伸展……抬头向窗外一看,无数的高压电线交织在我的头顶上。……看着,想着,同时汽车在飞驰着……这一刹那,我觉得它告诉了我东北山水的雄壮美丽,同时,也在我面前展示出东北电气化的雄姿。于是在车上我就用笔在小本子上画了几道"符",以后,几乎我每天都要翻翻,总觉得无法下手,像我这样"本钱薄、框框多"的人,想到这,想到那,也就算了。后来终于在镜泊湖的一天,和几位搞国画的青年同志谈到国画的构图问题,把我向前(下)看的景色画了出来。时间大约是七月中旬。但是交织在我头顶上的那些钢架电线怎么办呢?我一路上记录着各种不同形式的电架,总想试它一试,哪怕闹笑话,却非冒一冒险不可。

话虽如此说,一路上,哈尔滨、沈阳我都多次拿出来考虑过,先用木炭条在原画上打好位置,似乎还可以,换支毛笔,我又踟蹰了,又把它卷起来了。后来到了九月上旬快要离开大连,尽可能不带半成品回来,于是横下心肠,用秃笔蘸墨,画上了交错在我头顶上的高压电线,才完成了这幅《丰满道上》。

北京作画记

记得还是中华人民共和国成立以前,在重庆金刚坡下,一个雪花漫天的日子,我第一次读到毛主席的名篇《沁园春·雪》,心情无限激动。那气魄的雄浑,格调的豪迈,意境的高超,想象力的丰富,强烈地感染着我。我喜欢画画山水,平时又喜欢欣赏诗词名画,可是,几十年来,不知画过多少次,却没有一幅满意的。

今年八月初,我从毛主席的故乡韶山作画归来,就接受了为首都人民大会堂创作巨画的任务,这幅画要求能体现出毛主席《沁园春·雪》中"江山如此多娇"的词意,画幅的面积高五米半,宽九米,这样的大挂画,在中国绘画史上可说是空前的。而画的完成时间又很紧迫,要在国庆节前完成,这实在是一件十分光荣而又相当

一九五二年十二月敬拟毛主席沁园春咏雪词意 傅抱石

傅抱石 《沁园春·雪》词意图

艰巨的任务。

当我第一次看到一张五十平方米的画纸，心中勾起了很多往事的回忆。中国历史上最大的书画用纸是一种叫"丈二匹"的，实际上它不过高约四市尺一二寸，宽十一市尺左右。这种纸，清代乾隆、嘉庆时代最盛，到了光绪，就越出越粗了。

过去的书画家能够使用这种纸的，就说明有相当经验的了。明朝沈石田，自谓在四十岁以后，才敢画"大幅"。可是沈石田的"大幅"，据我所过目的遗迹，就没有大过"丈二匹"的。我在抗日战争前弄到了三张，宝贝似的带到重庆，日寇投降后，又带到南京，总是舍不得画，也不敢轻易画，实在是没有必要画。我曾和朋友笑谈过：我倒像沈石田，一九五二年我是四十八岁才第一次画了一张。过去，这种大幅画纸很少有人问津，如今却供不应求，因为很多画家都在不断地创作大画。当然，问题的实质不在纸上。可是这么一张纸，却也侧面地反映了祖国民族绘画的升沉。

这样大的画幅，从哪里落墨呢？我和我的合作者关山月在酝酿构图时，虽然都认为应该着重描写"江山如此多娇"，然而只是在这首词本身的写景部分兜圈子，打算着重表现"北国风光，千里冰封，万里雪飘"的意境。陈毅副总理、郭沫若、吴晗等许多领导同志非常关心我们作画，提了许多宝贵意见，使我们受到很大启发。毛主席的这首词，虽然题的是"咏雪"，但它并不仅限于雪的描写，而是通过咏雪来描写祖国江山的辽阔广大，美姿多娇，即景生情，想到英雄人物为它献身，极其完美地表现了中国人民革命乐观主义的豪迈气概。主席写这首词的时候，全国还没有解放，词里有"须晴日，看红装素裹，分外妖娆"。可是，今天情况不同了，"太阳"已经出来了，"东方红"了，它的光芒已经普照着祖国的大地，画面上一定要画出一轮红日。我们祖国是这样辽阔广大，当江南沃土在和煦的阳光下，盛开着万紫千红的百花，而喜马拉雅山上还是白雪皑皑，因此，在一个画面上同时出现太阳和白雪，同时出现春夏秋冬的不同季节，同时出现东西南北的地域，并不会使人感到矛盾或不调和。我们优秀的绘画传统，不是有过把四季山水或四季花鸟集为一图的吗？

在绘制过程中，我们一直担心着画的效果，每一次下笔，都研究再三。我们力求在画面上，把关山月的细致、柔和的岭南风格，和我的奔放、深厚混为一体，而又各具特色，必须画得笔墨淋漓，气势磅礴，绝不能有一点纤弱无力的表现。

我们的整个创作过程都是一个新的尝试，表现技法上，固然需要不断摸索，就是所用的工具也得重新设计。例如，有些大笔和排笔的杆子，就有一米多长，像扫帚一样，调色用大号搪瓷面盆，一摆就五六个。在色彩调子上，如何取得统一调和，也要细加推敲。我们把近景的高山苍松，采取青绿山水的重色，长城、大河和平原则用淡绿，然后慢慢虚过去。远处则是云海茫茫，雪山蜿蜒。右上角的太阳，红霞耀目，光辉一片，冲破了灰暗的天空，使人感到"红装素裹，分外妖娆"。

　　开始，我们只着重地考虑到画面太大，不易处理，希望尽量小一些，可是没有考虑到画的实际效果与建筑物的结合。初稿画好以后，拿到现场，请负责同志审查，发现了一系列原来想象不到的问题。周总理和各位领导同志来一看，就给我们提出了许多宝贵的指示和精辟的意见：太阳画得太小了，特别是从八公尺宽的楼梯下面看上去，简直像个鸭蛋黄。画面太小了，天空灰调子太大，与雄伟的建筑物显得不相称……我们又曾经设想过：从画面左上角伸出一枝古松，以增加画的分量和掩盖大片灰色的天空，但这还是不能弥补缺陷。中央负责同志提出：应该把画面加高加宽，把太阳画大，不妨夸张一些，使人一眼看到就感觉"东方红，太阳升"的伟大气魄。我们回来便马上动手，把画面加大，把雪山加高，把太阳画得又大又圆，让朝霞的红光普照大地。

　　这次作画，从探索主题，经营位置……直到挥毫落墨，几乎无时无刻不受到党的关怀和鼓励。我们的一笔一墨，一点一画，都浸透了集体的智慧。中央负责同志的指导,给我们的鼓舞最大,我们挥起一米长的笔杆来,显得格外有劲。天地相接,山川相连,而终于一气呵成。使我永远不会忘记的是九月二十七日毛主席为我们这幅画题了"江山如此多娇"六个字。我深深认识到这是毛主席对民族传统绘画无微不至的关怀,这是对全国国画工作者热情的鼓励,也是全国国画工作者的无上光荣。

毛主席常常教导我们说,我们今天所做的工作都是前人从未有过的。这句话,我一直记在心里,正像工业、农业战线上所取得的成就一样,美术界也出现了欣欣向荣的景象。

自四世纪初的顾恺之到二十世纪初的吴昌硕,不管他们画什么,不管从什么角度看,遥遥千六百年间,有谁能够和今天的我们——全国的画家相比呢?我们这次创作的大画,目前它在中国绘画史上虽说是空前的,可是不久便会成为"家常便饭",人民公社的文化俱乐部或公共场所不是同样可以来上几幅吗?

傅抱石 《卜算子·咏梅》词意图

江山如此多娇

"江山如此多娇"是毛主席出色的名篇《沁园春·雪》里的一句,是我们敬爱的领袖对祖国的赞美。对于山水画家,这一名句,又广泛而深厚地激发了他们热爱祖国的思想并鼓励了他们发挥艺术的才能。

伟大祖国的自然是雄壮美丽、多彩多姿的。江苏去年组织的国画工作团出省参观访问,就天下名山来说,只游览了陕西的华山和四川的峨眉,时间也短不过,实在谈不上什么,最多也是"行万里路"的一个开始。可是,就是这么跑马观花式地爬上爬下,爬了一趟,老老实实讲,我们受到的震动是不小的,得到的启发是不浅的,接触到的问题也是不少的。

我喜欢回忆当时游华山的那些情景，毛主席这句名句，几乎成了我们一行人的口头禅，不管老的少的，一瞬目、一回首之间，都会情不自禁地脱口朗诵了出来——"江山如此多娇"，还一定有人接着"引无数英雄竞折腰……"地念下去。真觉得满身苍翠，都是幸福的光辉。于是手挥目送，夺秒争分，不但老画家们笔不停留，就是几位以人物创作为主的年轻同志，面对如此多娇的祖国自然，也不肯空手而回，卸下轻装，就在岩边石上，伸纸吮笔，干了起来。

我们大多数是长期生活在江南的，熟悉的是天平、灵岩、太湖、惠山、金、焦、北固，或者牛首、栖霞等等名区。一旦跑到了大河之北而且又登临了"华山天下险"的西岳，自然就不胜目眩神摇之感了。

大约是上山的第二天早上吧，正是"雨后深林半白烟，山中处处有流泉"，宿雨初收，云彩飞动，丁老一个人却站在娑萝坪门外聚精会神地为太华写照。前面是屏山矗立，高耸入云，下面是悬崖陡壑，雾气迷漫；我抬头一看，只见一位须眉皆白、精神奕奕的老者，仿佛独立苍茫之中，我心想：若在过去，把他照下来，倒是可以题为"深山寻道图"。我信步走了过去——

"丁老！您这么早！"

一看，丁老手上的画稿，已经勾了不少的东西。丁老并没有停下笔，还是画着，边画边说："太好了！太雄壮了！真是'江山如此多娇'！可惜就是不容易画呵！"

我忽然想到丁老是镇江人，最拿手的是画镇江三山。就进一步问："（华山）比之镇江的金、焦、北固，如何？"

丁老一听，立即把脸转过来，带笑地向着我说："那不过是个'盆景'！"

"不过是个盆景"这句话，随手拈来，非常有意思，对我有不小的启发。吃早饭的时候，我便把这番问答向同志们介绍，引起了一阵阵的笑声。一致认为丁老这个比喻很贴切，既有内容，又有味道。真是"夫人不言，言必有中"。不记得哪位说的，"我们都是在'盆景'里打转转的人呵！今天是开了眼界了"。大家这么一扯，昨天的疲劳竟为之大减，收拾行囊，又向青柯坪进发了。

金、焦、北固和华山比，的确像个"盆景"，特别对我们初次踏上名山的江南游客们，这句话就更形象化。但华山也好，"盆景"也好，都是伟大祖国的一个组成部分，如何更新更美地反映它们，则是我们画家——尤其是山水画家的光荣任务。我们是抱着明确的目的和要求来的，"观山则情满于山，观海则意溢于海"（见《文心雕龙》），同志们的心情非常舒畅，迫切地要求把自己的业务迅速提高一步。因此,一路上也就经常地接触到今天应该怎样提高山水画的问题,并且不止一次地(特别是在西安和成都)座谈讨论过。虽然在理论上还没有得出什么结论,而从今年元旦在南京汇报展出的二百三十多件作品看来,据个人不成熟的看法(包括一些可以归之于山水画的作品),应该说是一个大丰收,是值得肯定的,也是值得欣幸的。当然,也存在不少值得注意的问题。

"大家都在变",这是好几省的观摩、座谈会上都听到过的一句话,也是我们在党的教育下学习毛主席文艺思想和初步接触了伟大的现实生活的结果。这种"变",大约是从重庆的观摩会开始。经过武汉、长沙,后来在广州公开观摩的一次座谈会上,有几位同志这样热情地鼓励我们,大意是:"这次观摩的作品,生活气息很浓厚,给了读者以新鲜的感觉……尤其是几位老画家的变化比较突出,既探索了一些新的尝试,又保持了各人原有的风格……"当然,这是同志们对我们逾格的揄扬。

在我们几位老画家的作品里,我们极其高兴地读到钱老的《三门峡水库工地》《青衣江上万木流》……许多令人喜爱的力作。《三门峡水库工地》画的是三门峡,黄河清了,中国历史上这样一个伟大的变化,是谁也想画的,而钱老并没有为工地而画工地,却把自古相传为了治水"三过其门而不入"的大禹的"禹王庙",

作为主要的情节来处理。这就远比一般画家见什么画什么的别有含蓄，感人极深。《青衣江上万木流》一幅画的是乐山，是从乐山南关远望大佛寺和乌龙寺一带的景色，岷江的木材，多汇集在这个地方。不但是一幅美妙的山水画，实在是一幅富有时代意义的山水画，笔墨技法上，也有了新的探索。古人说"出新意于法度"，充分说明了一位有基础的画家，只要努力要求变，一定是左右逢源，富于有利的条件的。余老的画，一向以缜密朴厚取胜，淡墨烟岚，原是一片江南风景。这次突然放笔而写《高原牧歌》，北国风光，雄浑中极有思致，行笔傅彩，也很沉着老练。还有一幅《嘉陵江畔》，画虽不大，而咫尺千里，秀润有余，也是大家最为佩服的。丁老此行的收获，我认为需要着重提一下。他中年以后，既患有严重的心脏病，一到冬天，往往又容易哮喘，不能入睡。但此次的决心很大，一路上，总不肯放过每一个活动的机会。在西安、成都、长沙等处大家整理画稿的那几天，此老却跑来跑去到处看同志们画，特别喜欢看年轻的同志们画。他原来擅长"指画"，在笔路交代上，是有典有则的，这一风格，我们还可以从他在西安画的《黄河清》去吟味。但料不到在重庆的一次观摩会上，有两三幅把我弄模糊了，怎么想也想不到是丁老的作品。特别是《红岩》可以说是此行的典型之作。当前的一棵大树（这是"红岩村"纪念馆的"英

傅抱石 《黄河清》

雄树",曾经被称为"阴阳树",是此画的主要内容),实在画得好,盘礴夭矫,看来很有"英雄"的气概。我也画了"红岩",自然也把这"英雄树"占着重要位置。决不是客气,比之丁老,我实在自愧不如。当然,一幅画并不单单靠某一部分怎么样,重要的是丁老这一幅,树也好,芭蕉也好,对他原有的风格、技法来看,我敢大胆说,几乎是全新的面貌。这是和丁老的决心分不开的。说到张老——严格说还不应该称"老",比我还小几岁,不过五十刚出头一点。他的画以谨严工致见长。一九五八年创作的描写苏州的《天平枫林》,曾经受到国内外读者的好评。这次他以"稳扎稳打"的姿态,画囊特别丰富,引起了同志们的啧啧称羡。那幅《枣红柿熟高山绿》,记得是在西安完成的。用青绿重色的表现形式,恰如其分地刻画了陕北高原新的气氛。我还佩服他的《枣园之春》,这题材是大家所向往、所追求的题材之一,不少同志画过,我也画了一张。我觉得张老这幅,在内容上相当完整地突出了全国人民敬爱的领袖毛主席的旧院及其周围的景色,肃穆、庄严而又简单朴素;在位置经营和笔墨手法上,也可以看出作者有意识地要求"变"的动向。几老而外,魏紫熙的《峨眉山中》《渡口》《杨家岭》,宋文治的《华岳参天》《峨眉公社食堂》《三门峡工地》,都是笔墨圆熟、新颖动人的作品。老魏是擅长人物的,山水也和他

傅抱石 《红岩村》

的人物一样，秀润中而又富于遒劲；老宋原是专长山水，此行又挥洒极勤，烟云出没，也可以鲜明地看出他的变化来。

我们更欣幸地看到几位过去很少画山水的同志的山水作品。和大家一样，他们在华山、在峨眉乃至三峡等处，作了不少的山水写生。一路来，他们总很客气，说是借此机会练习练习，学学山水画。我看这只是一面。主要的是年富力强、朝气勃勃的同志们,在"江山如此多娇"的自然怀抱里,满腔热情,感到非画不可,画就出来了。亚明画的《华山》《三峡夜航》和其他几位画的有关人民公社的题材而作为山水来处理的(《食堂》和《菜地》等)几幅,对此行来讲,实在是值得大书特书的。尽管笔墨技巧上尚有可以充分提高的余地,然而我深深觉得:我们在共同的创作活动中,单就山水画而言,反映些什么?怎样反映得更好?所谓选题、构思,新老画家之间,却表现了相当的不同,这就是我说的值得注意的问题之一。

譬如川江夜航,在祖国交通史上是一件何等巨大的奇迹,这是党和毛主席正确领导下的光辉成就。这次我们从重庆到武汉,在船上过了两夜。夜晚是照常航行的。我们站立在光可照人的甲板上,听着广播员同志用嘹亮的声音介绍川江在中华人民共和国成立前后的航运情况。过去出"峡"是等于过鬼门关,而现在真好似游湖一般。向前一望,点点灯光,指引着航轮的进路。记得第二天上午,亚明几位就在餐厅里画下了这非常有意义的夜航景色。据我不完全地了解,我们几老之中,大概还没有人重点地经营过这个重要的题材。拿我来讲,虽然也一度考虑过,但马上就想到它技巧上的困难和画面的不易处理,一转念间,又转到我的"西陵峡"和

"神女十二峰"上去了。这说明了什么呢？一句话，宁肯牺牲富有现实意义的主题内容，不肯牺牲自己的笔墨习惯，每每自问，惭愧实深，这是我今后在创作中必须努力克服的缺点，特别是要加强决心，好好地改造思想。

壬午重庆画展自序

我是怕见人的人,我的画尤其怕见人,只要可能,总使它不见人为妙。这习性的造成,大半是因为我的画不成东西,而多少也有点为了减少麻烦。近十年来,可说十分之七的时间用在美术史、画史和画论的考究,很少时间握笔作画。遥遥的期间内,公开展览只有两次,民国二十三年五月十日至十四日在东京银座松阪屋,举行五天,陈列书画篆刻共百七十五点,这是第一次;民国二十五年七月二十四日至二十八日,中华学艺社在南昌举行年会,我是社员之一,又生长于南昌,为襄盛举,在南昌东湖之滨的益群社展览近作五天,出陈作品百十二点。今年在陪都重庆,计抽作百点,这是第三次。就各次准备的经过看,第一次展品,什九是旅居东京时所作，费时约一年；第二次全部是自民国二十四年十一月至翌年六月，住在南京中央大学教习房时所写；这次约十之三四是抗战以后逗留江西新喻故里、湖南东安、广西桂林的作品，十分之六七是成自重庆西郊金刚坡坡脚之下，尤以今年二月至最近所作的为多。

我决定这次将拙作展出博教，是今年三四月的事，这以前曾承不少的朋友、同事、同学对我鼓励。我是好懒的人，写一幅画有时难于上青天，是否满意，很少把握，加以现时期的种种困难，实在使我不敢作此想象。后来蒙几位好朋友特殊的帮忙，代我分别解决，才决定试作准备。最初一二月，有人问起此事，我还是一味说"没有"，最近数日，才对人不再隐讳，尤其是文艺界的朋友。

一

我住在成渝古道旁，金刚坡麓的一个极小的旧院子里，原来是做门房的，用稀疏竹篱隔作两间，每间不过方丈大，高约丈三四尺。全靠几块亮瓦透点微弱的光线进来，写一封信，已够不便，哪里还能作画？不得已，只有当吃完早饭之后，把仅有的一张方木桌，抬靠大门放着，利用门外来的光作画，画后，又抬回原处吃饭，或作别的用。这样，我必须天天收拾残局两次，拾废纸、洗笔砚、扫地抹桌子都得一一办到。所以这半年来，内人和三个小孩子，都被我弄得莫可奈何，当我作画的时候，是非请她们在屋外、竹林里消磨五六小时甚至八九小时不可的。

作画的实际环境虽然如此，但若站在金刚坡山腰俯瞰，则我这间仅堪堆稻草的茅庐，倒是不可多得：左倚金刚坡，泉水自山隙奔放，当门和右边，全是修竹围着，背后稀稀的数株老松，杂以枯干。石涛上人有一首诗，好似正为这里而写，本来我曾怀疑这就是他自己的写照，现在我却不便怀疑了。

诗云：

年来我得傍山居，消受涛声与竹渠。
坐处忽闻风雨到，忙呼童子乱收书。

因为每周我要步行到中大上课，来往约有六十华里，必须耽搁三天至五天，所以每月只有小半的时间可利用，就最近半年的结果统计，每月多则作画十一二幅，少则五六幅。自然，不是幅幅可以成立，有时连画几幅还可以看，有时又像遇着拦路神，无路走得通。这苦恼，比什么还要难受。

我就在上述的环境和时间里制作着，初意想画满二百幅，再选

散锋开花妙笔生 207

傅抱石 《石涛苦吟图》

一半付装陈列。实际,这理想并没做到。现在只是在百四十余幅中选一百幅。我常说,论画以百数,未免滑稽,即使古人,任凭你是如何多产的作家,一生中也未必能有成百件的精品,何况期之于像我这样拙劣浅薄的人?虽然有的朋友慨惜我的产量低,但我还十分觉得并未做到我应该或可能做到的审慎和谨严。我这次陈列的作品中,制作时间最长的是为纪念"三三美术节"而写的《兰亭图》,不过六天,比起古人累月经年的制作,直不知草率到如何地步。其余大部分是一天半或一天,但一天画成两幅的记录,在我还没有过。

二

我对于画,还是一个正在虔诚探求的人。因为如此,才敢赤裸裸地报告和检讨关于我的画的一切,希求诸高明的教正。

在中国画史上,叙述自己的画,大约始于六朝。宋宗炳的《画山水序》、王微的《叙画》、

傅抱石 《渭城曲》诗意图

谢庄的《画琴帖序》都是画家摅述他对于画的感想或意见。唐宋以后，画家因注重技法的研究，遂变成了另一种风度，认为画是"可意会而不可言传"的东西。所谓"性灵"，所谓"意境"，所谓"胸中丘壑"，今日看来，乃是容易使人渺茫的烟幕。有人说，近世纪的中国画，大半都中了这类毒素。重技法而远离自然，重传统而忽视自己，强理日促，藩篱日厚，相沿成习，焉得不日渐僵化。

中国画需要"变"毫无疑问，但问题端在如何变。我比较喜欢写山水，山水在宋以后壁垒最为森严，"南宗""北宗"固是山水画家得意门径，而北苑、大痴、石田、苦瓜，也有不少的人自承遥接衣钵。你要画山水，无论你向着何处走，那里必有既坚且固的系统在等候着，你想不安现状，努力向上一冲，可断言当你刚起步时，便有一种东西把你摔倒！这是说，在山水上想变，是如何困难的事情。

然而自另一观点看，画是不能不变的，时代、思想、材料、工具，都间接或直接地予以激荡。宋明不亡，至少不会有吴仲圭、倪云林、石涛、八大山人诸大家，泾县及其附近的宣纸不发达，水墨画的高潮不至崛起万状，把重着色的绢布之类打得一蹶不振，可见画的本身随时随地都在变而且不得不变。由此以观，青绿、水墨，士夫，院体，是画的变，即同一传统或师承也各有各的面目与境

［清］石涛 《平湖放棹图》

界。"四王"都标榜大痴,但"四王"还是"四王";王原祁虽口口声声地"大父奉常公",究竟没有什么"奉常"的气息。实在,除非高度的复制术,不会有两张以上不变的作品。

我认为中国画需要快快地输入温暖,使僵硬的东西先渐渐恢复它的知觉,再图变更它的一切。换句话说,中国画必须先使它"动",能"动"才会有办法。单就山水论,到了明朝晚期——约当吴梅村所咏"画中九友"的时代——山水的发达已到了饱和点。同时,山水的衰老也开始于这时代,一种极富于生命的东西,遂慢慢消缩麻痹,结果仅留若干骸骨供人移运。中国画学上最高的原则本以"气韵生动"为第一,因为"动",所以才有价值,才是一件美术品。王羲之写字,为什么不观太湖旁的石头而观庭间的群鹅?吴道子画《地狱变》又为什么要请裴将军舞剑?这些都证明一种艺术的真正要素乃在于有生命,且丰富其生命。有了生命,时间、空间都不能限制它,今日我看汉代的画像石仍觉是动的,有生命的,请美国人看也一样。

我认为一幅画应该像一首诗,一阕歌,或一篇美的散文。因此,写一幅画就应该像作一首诗、唱一阕歌,或做一篇散文。王摩诘的"画中有诗",已充分显示这无声诗的真相,而读倪云林、吴仲圭、八大山人、石涛的遗作,更不啻是山隈深处寒夜传来的人间

[清] 石涛 《秋江独钓图》

可哀之曲。

近世纪的中国山水画,如果从画体看,实在多数像小说的章回体一样,始"话说"而终"下回分解",或是从"小姐逃难"一定到"公子团圆"。四王以后,乾嘉长时期的安定,"虞山"的影响,大到不可思议,一群群亦步亦趋之徒,把山水铸成了一种有□□□,画者以是画,取者以是取,所谓"一丘一壑",所谓"头角十全",冥冥中束缚着画家的一切。这时代,我们是早应该让它逝去的,我们今日似乎需要一些生动有力的作品,即使使用旧章回体像《儒林外史》《官场现形记》也极有价值。

我对于画的基本看法,简略的有如上述。自然,我是把这种看法作自己唯一的最高的目标,至于我的作品是搬移骸骨还是别的，这是要敬请赏观拙画的人切实批评的。现在以展览的拙作为根据，从思想、题材、技法……诸有关方面综合的叙述实际的经过和感想。

三

先说题材的来源。自题材来检讨一番。

拙作题材的来源，很显著的可以分为四类。即：

1. 撷取大自然的某一部分，作画面的主题。

2. 构写前人的诗，将诗的意境，移入画面。

3. 营制历史上若干美的故事。

4. 全部或部分地临摹古人之作。

这四条路线，可以说都是既有的路线。中国画无论人物、山水、花卉，本来是重写实的，这在画论或若干名作上都有充分的证据的。尤以山水画，东晋顾恺之画《云台山图》有极其精美的布置，而目的在"欲使自然为图"；刘宋时的宗炳，曾把他所游履的名山画在壁上，以当"卧游"，他说："抚琴动操，欲令众山皆响。"假使画匡庐而似黄山，岂不是忘怀五老而糟粕云涛吗？唐明皇幸蜀，扈从的画家不少，山水大家吴道子、李思训俱各奉诏写过嘉陵江景色。元四家是文人画家尊为嫡祖的，影响后世最巨的黄子久（大痴），他便随身带着一本像现在的"速写簿"，不断徜徉于富春山中。再说遁世的石涛，他在有名的《画语录》中对于"山川"曾说"测山川之形势，度地土之广远，审峰峦之疏密，识烟云之蒙昧"，他众多的遗迹上有一方用得最多的印章，是"搜尽奇峰打草稿"。所以他的画，充满了生发之趣。早期之作，多在湖南，晚年之作，多在皖南。画家与自然倘若完全脱节，那画面是低温的。

着眼于山水画的发展史，四川是最可忆念的一个地方。我没有入川以前，只有悬诸想象，现在我想说："画山水的在四川若没有感动，实在辜负了四川的山水。"我在一幅画中，题过下面一段话：

蜀道山水，既使山水画发达，故唐以来诸家多依为画本。观历代所著录名迹，剑阁栈道之图特多可知也。元季而还，艺人集江淮间，平畴千里，雄奇遂自画面退走，富春虞山，清初已挥发无余，而山水亦开始僵化，胸中丘壑，究有时而穷，识者诟病，岂无因也。昔张瑶星题石溪上人画云："举天下人言画，几人师诸天地？"瑶星非画家，正以为非画家方能道出此语耳。

我为了职务和家庭的拖累，最有名的青城、峨眉，还尚未游

傅抱石 《林泉高寄》

过，无法为它写照。然而以金刚坡为中心周围数十里我常跑的地方，确是好景说不尽。一草一木、一丘一壑，随处都是画人的粉本。烟笼雾锁，苍茫雄奇，这境界是沉湎于东南的人胸中所没有、所不敢有的。这次我的山水的制作中，大半是先有了某一特别不能忘的自然境界（从技术上说是章法）而后演成一幅画。在这演变的过程中，当然为着画面的需要而随缘遇景有所变化，或者竟变得和原来所计划的截然不同。许多朋友批评说，拙作的面目多，几乎没有两张以上布置相同的作品，实际这是造化给我的恩惠。并且，附带的使我为适应画面的某种需要而不得不修改、变更一贯的习惯和技法，如画树、染山、皴石之类。个人的成败是一问题，但我的经验使我深深相信这是打破笔墨约束的第一法门。

不过在这里发生了一个问题，即山水画为什么不百分之百地写真山水。关于这，不是简单的话可以解释，牵涉太多。我觉得百分之百地写真山水，原则上是应该成为山水画家共同努力的目标，现在有许多条件尚没有具备，倘若行之太骤，容易走入企望外的一个环境。同时中国画的生命恐怕必须永远寄托在"线"和"墨"上，这是民族的。它是功是罪，我不敢贸然断定，但"线"和"墨"是决定于中国文化基础的"文字"之上，工具和材料，几千年来育成了今日的中国画上的"线"与"墨"的形式，使用这种形式去写真山水，是不是全部适合，抑部分适合？我尚没有多的经验可资报告。

　　日本是接受中国文化较早的国家，绘画方面他们许多大家都承认中国画是日本画的母亲。"邢马台"民族究竟是另一回事，他太对不起母亲养育恩了，你看日本画是用"线"用"墨"去写实的，日本画是中国画吗？像中国画吗？就是他们把部分的"南画"作品，纸绢、印报、装背，一切都模仿中国画，然而一见面，便知道它是冒牌的。因此，我们是以明了中国画的重心所在，在今日全部

傅抱石　《初夏之雾》

写实是否会创伤画，是颇值得研究的一回事。拙作中有一幅《初夏之雾》即是我在这意念下尝试的制作，我对这幅的感想是"线"的味道不容易保存，纸也吃不消，应该再加工。

距离稍远的只有这《初夏之雾》，其他还有几幅，都是把某种自然景象限制在画面的主要部分而加以演化。

四

第二条路线是构写前人的诗，将诗的意境，移入画面。这是自宋以来山水画家最得意的路线。诗与画原则上不过是表达形式的不同，除了某程度的局限以外，其中是息息相通的。截取某诗的一联或一句做题目而后构想，对于画家是摸着了倚傍，好似译外国文的书一样，多少可以刺激并管理自己一切容易涉入的习惯。同时，使若干名诗形象化，也是非常有兴味的工作。东晋时，顾恺之曾画过曹植的《洛神赋》，即《女史箴图卷》也还不能抹杀张华的缀辞之美。近世以来，唐诗宋词，尤为画家所乐拾。这似乎过于陈套的一条路线，说起原无甚稀奇，然它的好处是只要人努力去开发，并非绝不可获得的。但若临以轻心，则一不留意，便陈腐无足观了。因为当前有这么一个似自由而相当不自由的题目，制作上的危险虽不怎样严重，如何处理它，是宜注意的。石涛有一首五绝：

盘礴万古心，块石入危坐，
青天一明月，孤唱谁能和？

这诗有许多人爱读，我也爱读，尤其明了石涛环境的人一定更爱这首诗。我曾画过若干次，有两次的记忆尚新。三月间的中大，有一天宗白华先生到艺术系来，送拙著《大涤子题画诗跋校补》还我，当时他指出这一首，说："太好了，我最喜欢，你把它画出来吧！"我说："我也喜欢此诗，将来准备试一试。"第三天，我乘滑竿到柏溪分校去上课，从大竹岭过了嘉陵江，沿着江边迤逦起伏的小冈峦前进，距柏溪不远了，忽见巍然块石，蹲立江滨，向前望去，薄雾冥茫，远山隐如屏障。我想：若把这块石作中心，画一人危坐向远山眺视，下半作水景，不就是"苦瓜诗意"吗？高兴！高兴！回家后，即忙如法炮制，下午四时许便题印完了，钉在壁上反复地看，总觉还没有充分表达那诗的意味，尤其是第一句。隔了几天，乃不取水景，而取深邃的山谷，技法上稍稍注意石涛的样式，再作一幅，结果我虽还不十分满意，倒比用江水作背景的好，于是决定用它，这就是展品中的一幅。不过我心目中的一幅，总以为不应该像那样的结果而止。六月七日天雨,光线沉暗,我又想起石涛这诗,用宣纸重构一图,为第二句所限,不能不把人物和块石做主体,不画月,傍晚便完成了。看来看去,这幅大部分我尚满意,然而还是未曾把整个的诗境恰到好处地写出,因此我只题第一句"盘礴万古心"。

程穆倩仅有的遗句"帝王轻过眼,宇宙是何乡",我也非常爱好,不知画过多少次,总遇不到一幅令我十分满意。展出的一幅是最近画的,也是我认为勉可成立的一幅。我这种困难当然是我的技术和胸襟的不够量,追不上自己想弋获的目标。然亦可见写前人诗句,欲避落窠臼,实不是容易的工作。

龚半千的《与费密游》五律三首,其第二首:

登临伤心处,台城与石城。
雄关迷虎踞,破寺入鸡鸣。
一夕金笳引,无边秋草生。
橐驼尔何物,驱入汉家营?

这诗我还是民国二十六年底在宣城编译《明末民族艺人传》(民国二十八年五月商务初版)的时候,就开始想画了。不消说,当时的南京是国人最关心的。半千此诗充满了民族的意识,在今天把它画出来,必更是一番滋味。最初我构的是以半千和此度斋主人徜徉于枯枝下,背作钟山,山的左边,隐隐勾勒几笔使一望而知为明孝陵。画完了,写上第一二首,这幅某点上是适合的,但若把三首的意思综合来看,则感觉画面太单调,不足以烘托半千的诗境。于是我便另外经营一幅,撷取三首诗中可以表示和必须表示的,构成山水方幅,薄以浅赭,把"台高出城阙,一望大江开"做主要的部分,半千和此度画得很小,怅然台上。此幅画法与渲染,我都非常注意它可能有对画境的反应。这也是参展的一幅。

拙作中属于这一类的不少,另

傅抱石 《龚半千与费密游》

傅抱石 《一望大江开》

有两幅画的是闵华的一首诗《过石涛上人故居》。

五

　　第三条路线我须特别声明，这是人物画家一条主要的路线，虽然部分地也使用于山水画家，而画面的表现是变质的。我原先不能画人物薄弱的线条，还是十年前在东京为研究中国画上"线"的变化史时开始短时期练习的。因为中国画的"线"要以人物的衣纹上种类最多，自铜器之纹样，直至清代的勾勒花卉，"速度""压力""面积"都是不同的，而且都有其特殊的背景与意义。我为研究这些事情而常画人物。其次，我认为画山水的人必须具备相当的人物技术。不然，范围必越来越小，苦痛是越过越深，我常笑着说，山水上的人物，倘永远保持它的高度不超过一，倒无甚问题，一旦非超过这限度不可的时候，那么问题便蜂拥而来。结果只有牺牲若干宝贵题材。我为了山水上的需要，所以也偶然画画人物。

　　我比较富于史的癖嗜，通史固喜欢读，与我所学无关的专史也喜欢读，我对于美术史、画史的研究，总不感觉疲倦，也许是这癖的作用。因此，我的画笔之大，往往保存着浓厚的史味。

　　我对于中国画史上的两个时期最感兴趣，一是东晋后的六朝

(第四世纪—第六世纪),一是明清之际(第十七八世纪)。前者是从研究顾恺之出发,而俯瞰六朝,后者我从研究石涛出发,而上下扩展到明的隆万和清的乾嘉。十年来,我对这两位大艺人所费的心血在个人是颇堪慰藉。东晋是中国绘画大转变的枢纽,而明清之际则是中国绘画花好月圆的时代,这两个时代在我脑子里回旋,所以拙作的题材多半可以隶属于这两个时代之一。处理这类题材,为了有时代性,重心多在人物,当我决定采取某项题材时,首先应该参考的便是画中主要人物的个性,以及布景、服装、道具等等。这些在今天中国还没有专门的资料,我只有钻着各种有关的书本。最费时间,就是这一阶段。

我搜罗题材的方法和主要的来源有数种:一种是美术史或画史上最重要的史料,如《云台山图卷》;一种是古人(多为书画家)最堪吟味或甚可纪念的故事或行为。这种,有通常习知的,如《赚兰亭》《赤壁舟游》《渊明沽酒图》《东山逸致》等,题材虽旧,我则出之以较新的画面。譬如《兰亭图》,是唐以来的人物画家的拿手戏,北宋的李公麟、刘松年乃至明季的仇英,都精擅此题。据各种考证,参加兰亭集会的人物,有画四十二个的,有画二十七个的,这因为王羲之当时没有记下到会的姓名,所以那位是谁,究有多少,无法确定。我是大约想,画三十三个人,曲水两旁,列坐大

傅抱石 《兰亭雅集》

半。关于服装和道具,我是参考刘松年。就全画看来,从第一天开始,到第六天完成,都未尝一刻忘记过这画应该浸在"暮春"空气里,我把兰亭远置茂林之内,"惠风"虽不敢说画到了"和畅",然一种煦和的天气,或不难领略的。

有些题材很偏,但我觉得很美,很有意思,往往也把它画上。如《洗手图》,这是东晋桓玄的故事。桓玄在正史家并没有好的批评,说他是桓温的孽子,性贪鄙,好奇异,性嗜书画,必使归己。这位桓大司马,和顾恺之、羊欣是好朋友,常常请两位到家里辩论书画,他坐在一旁静听,这行径已够有味。又宴客的时候,喜欢把书画拿出来观览,有一次某客人大约吃了"油饼"(寒具)没有揩手,把书画污了,他气极,以后,有宾客看书画即令先洗手再看。我以为这故事相当动人,尤其桓玄那种人,贪鄙好奇,偏偏对于书画护持不啬头目,在现在的情形看来,多少文绉绉的先生们还怀疑书画是否值得保护,以今例古,怎叫我不对这桓大司马肃然起敬?于是我便在五尺对开的宣纸上,经营一张横幅。画四人观画,一人正在洗手,而桓玄则庄重的望在屏风之旁。这幅,是七月十二、十三两日画的,这两日正是骤热,我室中有华氏一百零三度,但我为尽量传达画史上的桓玄,并不感着热得难受。

像《洗手图》一类的制作,是完全无倚傍的,凭空构想,设计

傅抱石 《洗手图》

为图。还有的是前人已画过的题材，原迹不传，根据著录参酌我自己若干的意见而画的。如《人人送酒不须沽》，这是写怀素的故事，李公麟以下的画家，常喜采取此题，有的名之曰：《醉僧图》。醉僧图和醉道图的问题，从初唐起是画史上一件不易清理的问题。我是根据安岐的《墨缘汇观》和王世贞的《弇州续稿》而写的。因把怀素诗的第一句做题目。

诗云：

人人送酒不须沽，终日松间系一壶。

草圣欲成狂便发，真堪画入醉僧图。

又如《东山图》《觅句图》，

前者是根据叶梦得的《石林建康录》，我加上一枝六朝松；后者是出自刘克庄的《后村集》，我把那苍奴站在一旁，并尽量加强主人的"穷"。

关于明清之际的题材，在这次展品中，以属于石涛上人的居多。这自是我多年来不离研究石涛的影响，石涛有许多诗往来我的脑际，有许多行事、遭遇使我不能忘记。当我擎毫伸纸的时候，往往不经意又触着了他。三月间，本企图把石涛的一生，自出湘源，登匡庐，流连长干、敬亭、天都，卜居扬州，北游燕京……以至于死后高西塘的扫墓，写成一部史画，来纪念这位伤心磊落的艺人。为了种种，这企图并未实现，但陆续地仍写了不少。如《访石图》《石公种松图》《过石涛上人故居》《张鹤野诗意》《四百峰中箬笠翁》《大涤草堂图》《对牛弹琴图》《石涛上人像》《望匡庐》《送苦瓜和尚南返》等十余幅。其中大部分是根据我研究的成果而画面化的，并尽可能在题语中记出它的因缘和时代。《访石图》是梅瞿山的诗，见《天延阁集》。这幅画成于去年春间，今年曾补汪旭初先生卧室之壁两三个月，承旭初先生惠题五古一章，这真使恶劣的制作顿生光辉。

诗云：

石涛蕴奇怀，不忘家国耻。
吐诸笔墨间，沉雄有如此！
当时唯八大，笙磬差可似。
岂比庸俗手，徒能范山水？
梅公抑其伦，久要至没齿。
访师金霞庵，诗清绝尘滓。
谭艺问禅悦，流风今往矣。
岩岩抱石生，援毫忽奋起。
十日惨经营，寸缣收听视。
野路始苍茫，山光稍迤逦。
郁郁染松翠，惊飚犹在耳。
兰若俨数重，隐真疏树里。
到门三四辈，从容顾且指。
阁中如有应，冥想得神理。
赋景既窈窕，寓形何傲诡？
于此仰前修，遐踪亦云迩。
勉哉崇令德，今昔岂殊轨？
更作第二图，他年我访子。

我求沈尹默先生法书此诗，诗堂还有余地，又承汪先生题二绝句，并书之。

抱石能为访石图，襟怀自与俗人殊。
寄庵静石□头卧，好事谁当粉本摹？
书法欧虞集众长，纵横画笔似清湘。
旁人莫便夸三绝，惭愧诗成病在床。

尹默先生诗兴也很好，因留空地惠题：

二涛不作瞿山死，三百年来但古邱。
断纸残缣藏逸墨，高天厚地失清秋。
寄庵解道此中语，抱石能为物外游。
好事从人嗤我辈，纵无成亦足淹留。

《大涤草堂图》是石涛曾写过信请八大山人画的一个题目，八大山人当时画了没有不可考，不过一九三六年东京举行的"明末六大家展"有一幅八大山人的《大涤草堂图》，石涛并在画上题有七古长诗，收藏者是在大连做医生的长兴善郎氏。这画的照片我看

傅抱石 《大涤草堂图》

过，真假很难说，然布局不与石涛信上所要求的相合。我这幅是取题材于石涛的信，而以石涛曾别署"大树堂"故特画几株大树做主题，左方作草阁，阁中一人，即是大涤子。此画承徐悲鸿先生惠题，使我更感光荣。

《送苦瓜和尚南返》是根据博尔都的诗。他和石涛的关系不浅，这是写石涛晚年北上游燕南归，博氏送行的一幕。正月间，我已画过一次，画面布满摇落的树，远远的河边点缀博尔都和石涛两人。就技法论，这幅我甚为满意。当时我只题诗中"况此摇落时，复送故人去！"的二句，不久，承倪遂吾先生见赏，收藏以去。这以后，我不知画过多少次，结果无一次满意。最近，我为难忘情于这一幕亦悲亦喜的故事，把主人的博尔都画上了他的满洲服，石涛则作僧状，从下角向上走去，左方画有被风而不甚屈的老松，不间杂树，目的在加强画面的肃杀气息，亦即使人容易体认石涛那一刹那的不自在。这幅画，我觉得技法上还应有所考虑，就是人物服装的变更，危险性相当大，偶不注意，画面便被打破了。

和石涛时代相同的龚贤、程邃、崔子忠、查梅壑……都是一代艺人，他们不仅以笔墨传的。拙作中如《半千先生像》，则题以查梅壑的诗。《江东布衣》是根据恽南田的《醉歌吟》。《品茶图》是崔子忠的诗。

傅抱石 《送苦瓜和尚南返》

不属于上述两个时代为中心的题材，元代倪云林的故事是画不完的，他自号倪迂，可称绝胜。《洗桐图》这是明以来画家画过的题材，我是根据他的传记而画的，故洗桐不用童子，而作双鬟。《洗马图》故事更加有趣，我半年来屡屡试画，结果失败，因为我不能画马，六月下旬，徐悲鸿先生自星洲返渝，我即将此意告诉他，求他为我补一匹马，徐先生慨然答应，我这个心愿才得到补偿。不然，这一幅是永远拿不出来的。

六

第四条路线是全部或部分地临摹前人的名作。临摹之于画家的重要，是有限还是无限？现在尚很难定。不过我是颇喜欢临摹的，过去我每年总要临它几幅，而且多半是相当繁重的作品，如范宽、萧照、王蒙、沈周、周臣、石涛……诸家的名作，我都是喜欢临写——亦步亦趋地临写。我感觉这对于我至少有三点好处：其一，可以帮助我对于画史画论的研究，譬如范宽和王蒙之间，在笔墨变迁上，究竟有怎样的距离，是不是其间非有"刘、李、马、夏"一阶段不可？这些，多多临摹，较易了解；其二，画家最忌的是变成无缰之马，信笔挥洒，自以为是。临人之作，便没有这样的自由，

散锋开花妙笔生　237

[南宋] 萧照 《秋山红树图》

可借以收拾收拾自己的放心；其三，观摩名作，只能达到画面之表而不能深入其里，最浅显的例子，像我们读一篇古文，看一遍必不如抄一遍。画也一样，临摹一过，则其峰峦渲染，树石安排，乃至一点一画，都直接地予我们以新的启示，累积这时候的失败，即是他日的把握。不仅如此，中国画上还有一种甚为特殊的现象，这可以举倪云林为例，他是元四大家之一，明以来的山水画家，几乎什九直接以元四家为宗师，换句话说，他们都是从临摹元四家的作品入手。自明初到清的中叶，若干画家有一个共同的经验，就是感觉元四家的画：黄大痴、王叔明两家很"欢迎朋友"，吴仲圭"选友较严"，倪云林则"拒而不纳"。于是在他们的题跋、画论和随笔里，异口同声地叫出："云林不可学也！"这是什么缘故？这个不大不小而实在握着中国绘画荃蹄的问题，我们若常常临摹元四家的作品，是比较易于理解的，也比较易于警惕的。我有一天，想临写梅瞿山的一幅册页，这幅画的是黄山，瘦松数株，老人一位，桥亭一座，远山几重，画面是简单得无以复加，但黄海烟云，涌现纸上，令人永永不忘。结果，我自晨至暮，临了五张，都绝对不成，并不是梅瞿山那一回事，可见古人说的"高人笔墨，不可临而得之"，实具至理，从此也可体会倪云林是如何难接近的了。

　　拙作中，有一幅是民国二十五年在南京临的夏圭的作品。全部临的，只有这一幅。《风雨归舟》是大部分临元人的作品（无名氏）。此外部分的采取前人作品的结构或笔意的，有《观瀑图》，这幅是脱胎张瑞图的作品。《精庐中有诵经人》是出自梅瞿山的作品。《设色山水》是出自邵僧弥的作品。《庐山谣》的太白像，是出自梁楷，凡这类拙作，我都尽可能详细地在画面注明，以示不敢掠美。

七

上面是以拙作题材的来源为出发，分别加以检讨，现在就拙作的制作经过，整个地一谈技法上诸问题。

每位画家都应该有他个人的传统习惯和擅长那一部分（如笔、墨、色或云、水、点景、人物），而且应该力求既成技巧的发展，为达此目的，往往不惜牺牲其他一切，来培养和支持他的优点。这是无可置疑的，因为一树一石，要做到纯熟而有自己的面目的境地，决非偶然可得，必须历尽艰难，孜孜不停，始能运用自如。扩大点说，要想每幅作品均有自己的面目，那就更非易事。古人倾毕生精力，朝夕握管，是否有成，尚不可必。如欲掌握珍贵难得的技巧，实在足令一位画家终身不敢旁骛，假使在这方面的努力不够，

傅抱石 《风雨归舟》

傅抱石 《李太白像》

是很危险的。

然而相反的一面,这种传统技巧的修习,若是没有附加的条件,我认为并不是画家之福,因为技巧固是画家所必备,但画家的全部基础不完全建立在技巧,这在中国画上是绝对不能忽略的问题。近来我常常欢喜把被人唾骂的"文人画"三个字来代表中国画的三原则。即:

(一)"文"学的修养。

(二)高尚的"人"格。

(三)"画"家的技巧。

三原则其实就是中国画的基本精神。历代画人关于这种精神的呼导,可谓不遗余力,但过于偏重了第一和第二点——这是有时代背景的——所以画面上反造成了虚伪、空虚、柔弱和幼稚,八大山人遍中国,究不是正当的希望。可见技巧必须伴着"文"和"人",始能完成它的最高使命。

我是没有传统技巧的人,同时也没有擅长之点,我只觉得我要表达某种画面时,尽管冒着较大的危险,还是要斟酌题材需要和工具材料的反应能力,尽量使画面完成其任务。当然,拙作中我不满意的仍占最多数,但我总竭尽了我的可能。

当我决定了题材之后,继之便是构图。如何经营这一题材?人

傅抱石 《对饮观瀑图》

物位置,树石安插,这时候都紧张地揣摩着,或者无意识地翻翻书本(文字的或图版的),待腹稿的眉目稍稍出现,即忙用柳炭条在纸上捉住它。端详审度,反复至于再三。在这一过程中,大约只可求取大体上的某某数点,其余的细节是不能也不必决定的。于是正式描写,有半途认为不能成立的,我毁去它;有既经写完而仍不符我之所预期的,我也毁去它。毁了之后,这个题材就暂从缓议,把它摔在一旁,另外去经营另一题材。必须等到相当时候,我脑中手中又在憧憬那失败过的题材,再来一试,又要等待下次自然的机会了。今日我尚有曾经一试再试的苦干题材还没有画成。当然,这是我自己的浅薄所致。

　　我认为画面的美，是一种自感而又感人的美，它的细胞中心不容有投机取巧的存在，它虽然接受画家所加的一切法理，但它的最高任务，则绝非一切法理所能包办，所能完成！当含毫命素水墨淋漓的一刹那，什么是笔，什么是纸，乃至一切都会辨不清。这不是神话，《庄子》外篇记的宋画史"解衣磅礴"也不是神话。因此，我对于画面造形的美，是颇喜欢那在乱头粗服之中，并不缺少谨严精细的。乱头粗服，不能成自恬静的氛围，而谨严精细，则非放纵的笔墨所可达成，二者相和，适得其中。我画山水，是充分利用两种不同的笔墨的对比极力使画面"动"起来的，云峰树石，若想纵恣苍莽，那么人物屋宇，就必定精细整饰。根据中国画的传统论，我是往往喜欢山水云物用元以下的技法，而人物宫观道具，则在南宋以上。这情形，在这次展览的拙作中，最是显著。

　　我心目中的一幅画，是一个有机的体。但我手中笔下的一幅画，是否如此呢？当然不是的。每次作画的时候，我都存着一个目标来衡量我的结果。因此，在画面上，若感觉已到了恰如其量的时候，我便勒住笔锋，徘徊一下，可以止则就此中止。分明某处可以架桥，甚至不画桥便此路不通，我不管它；或者某一山、某一峰、某一树、某一石，并没完毕所应该的加工，也不管它；或者房子只有一边，于理不通，我也不管它。我只求我心目中想表现的某境界有适当的表出，就认为这一画面已经获得了它应该存在的理由。

八

我已说过，我对画是一个正在虔诚探求的人，又说过，我比较富于史的癖嗜。因了前者，所以我在题材技法诸方面都想试行新的道途；因了后者，又使我不敢十分距离传统太远。我承认中国画应该变，我更认为中国画应该动，但我的天赋、学力，以及种种都非常低弱，虽然我对于画抱着无限的热念，也怕没有什么可言。

这次拙作展览，辱承中国文艺社、中华全国美术会惠予主办，实使无限光荣，无限惶恐，同时许多文艺界的前辈和朋友，曾赐予不可形容的好意。或赐题词，或加指示，或予帮助，都是我永远不会忘的。今谨以至诚，叩首以谢。

傅抱石 《二湘图》（一）

傅抱石 《二湘图》（二）